Die Verbündeten
der
Menschheit

◆

BUCH EINS

Die Verbündeten *der* Menschheit

◆

BUCH EINS

◆

EINE DRINGENDE BOTSCHAFT
über die Anwesenheit außerirdischer
Kräfte in der Welt von heute

Marshall Vian Summers

AUTOR VON
*SCHRITTE ZUR KENNTNIS: Das Buch des Inneren
Wissens*

DIE VERBÜNDETEN DER MENSCHHEIT, BUCH EINS: Eine dringende Botschaft über die Anwesenheit außerirdischer Kräfte in der Welt von heute

Redaktionell bearbeitet von Darlene Mitchell

Buchgestaltung von Argent Associates, Boulder, CO

Titelbild von Reed Novar Summers
"Für mich repräsentiert das Titelmotiv uns auf der Erde, mit der schwarzen Kugel, die die Anwesenheit außerirdischer Kräfte in der Welt von heute symbolisiert, und dem Licht dahinter, das uns diese unsichtbare Gegenwart enthüllt, die wir ansonsten nicht sehen könnten. Der Stern, der die Erde erleuchtet, repräsentiert die Verbündeten der Menschheit, die uns eine neue Botschaft und eine neue Sichtweise auf die Beziehungen der Erde zur Größeren Gemeinschaft vermitteln."

ISBN: 978-1-884238-45-1 *DIE VERBÜNDETEN DER MENSCHHEIT, BUCH EINS: Eine dringende Botschaft über die Anwesenheit außerirdischer Kräfte in der Welt von heute*

NKL POD / eBook Version 4.6

Prüfnummer der Bibliothek des US-Kongresses: 2001 130786

Das vorliegende Buch ist die zweite Auflage von *Die Verbündeten der Menschheit, Buch Eins*

URSPRÜNGLICH VERÖFFENTLICHTER TITEL AUF ENGLISCH

PUBLISHER'S CATALOGING-IN-PUBLICATION

Summers, Marshall,
    The allies of humanity book one : an urgent message about the extraterrestrial presence in the world today / M.V. Summers
    p. cm.
    978-1-884238-45-1 (English print)   001.942
    978-1-884238-92-5 (German print)
    978-1-884238-46-8 (English ebook)
    978-1-884238-93-2 (German ebook)
                    QB101-700606

Die Bücher der New Knowledge Library werden von The Society for The Greater Community Way of Knowledge herausgegeben. The Society for The Greater Community Way of Knowledge ist eine gemeinnützige Organisation, die sich der weltweiten Bekanntmachung des Weges der Kenntnis in der Größeren Gemeinschaft widmet.

Für weiterführende Informationen über Audioaufnahmen, Bildungsprogramme und -leistungen besuchen Sie bitte die Internetseite der Society oder schreiben Sie an:

THE SOCIETY FOR THE GREATER COMMUNITY WAY OF KNOWLEDGE
P.O. Box 1724   •   Boulder, CO 80306-1724   •   USA, Tel.: +1 (303) 938-8401

society@newmessage.org
www.alliesofhumanity.org   www.newmessage.org
www.verbuendete.com   www.neuebotschaft.org

Gewidmet den großen Freiheitsbewegungen

in der Geschichte unserer Welt —

sowohl den bekannten als auch den unbekannten.

INHALT

Die vier grundsätzlichen Fragen über die

Anwesenheit außerirdischer Kräfte in der

Welt von heute:

Was geschieht derzeit?

Warum geschieht es?

Was bedeutet es?

Wie können wir uns
vorbereiten?

VORWORT

Es ist bereits ungewöhnlich genug, ein Buch zu finden, das das Leben des Lesers verändert, aber noch sehr viel außergewöhnlicher, auf ein Werk zu stoßen, das das Potenzial besitzt, sich auf die Geschichte der Menschheit auszuwirken.

Vor über vierzig Jahren, noch bevor es eine Umweltschutzbewegung gab, schrieb eine mutige Frau ein sehr aufrüttelndes und umstrittenes Buch, das den Lauf der Geschichte maßgeblich änderte. Rachel Carsons *Silent Spring* erzeugte ein weltweites Bewusstsein für die Gefahren der Umweltverschmutzung und entfachte eine engagierte Bewegung, die bis zum heutigen Tage fortbesteht. Als eine der ersten, die öffentlich erklärte, dass der Gebrauch von Pestiziden und chemischen Giften eine Bedrohung allen Lebens ist, wurde Carson anfangs verspottet und geschmäht, sogar von vielen ihrer Berufskollegen. Dennoch fand sie schließlich Anerkennung als eine der wohl wichtigsten Stimmen des 20. Jahrhunderts. *Silent Spring* findet noch heute Anerkennung als Meilenstein der modernen Umweltschutzbewegung.

Heute, noch bevor wir ein öffentliches Bewusstsein über die anhaltenden außerirdischen Eingriffe entwickeln konnten, tritt ein vergleichbar mutiger Mann—ein bis jetzt weitgehend im Verborgenen tätiger spiritueller Lehrer—hervor und präsentiert eine nicht nur außergewöhnliche, sondern ebenso beunruhigende Botschaft von jenseits der Sphäre unseres Planeten. Mit den *Verbündeten der Menschheit* erklärt uns Marshall Vian Summers als erster spiritueller Führer unserer Zeit, dass die ungebetene Anwesenheit sowie die heimlich durchgeführten Aktivitäten unserer außerirdischen "Besucher" eine tiefgreifende Bedrohung für die menschliche Freiheit darstellen.

Auch wenn, ebenso wie Carson, Summers zunächst Spott und Verunglimpfung begegnet wird, könnte er letztendlich als eine der weltweit wichtigsten Stimmen in den Bereichen Außerirdische Intelligenz, Menschliche Spiritualität sowie Evolution des Bewusstseins anerkannt werden. Ebenso könnten sich die *Verbündeten der Menschheit* als ausschlaggebend bei der Sicherung der Zukunft unserer Spezies erweisen—nicht nur, indem sie uns auf die tiefgreifende Gefahr einer schleichenden Invasion außerirdischer Intelligenzen hinweisen, sondern vor allem, indem sie eine beispiellose Bewegung des Widerstands auslösen und uns dazu befähigen, Verantwortung für unser eigenes Schicksal zu übernehmen.

Auch wenn die näheren Umstände der Entstehung dieses explosiven und umstrittenen Materials einigen suspekt erscheinen mag, erfordern die darin vermittelte Perspektive sowie die dringende Botschaft, die es enthält, dass wir uns ernsthaft und unvoreingenommen damit auseinandersetzen und eine entschlossene Antwort hierauf finden. Hier werden wir mit der zumindest plausiblen Behauptung konfrontiert, dass die weltweit zunehmenden UFO-Sichtungen und andere damit verwandten Phänomene nichts weniger sind als eine schleichende und bislang unwidersprochene Intervention außerirdischer Kräfte, die die Ressourcen der Erde zu ihrem eigenen Nutzen vollständig ausbeuten wollen.

Wie sollen wir auf eine derart verstörende und unglaubliche Behauptung in passender Weise reagieren? Sollen wir sie ignorieren oder sie kurzerhand als unzutreffend zurückweisen, wie zahlreiche Kritiker Carsons es taten? Oder sollen wir sie zumindest untersuchen und versuchen, genau zu verstehen, was uns hier dargeboten wird?

Falls wir uns dazu entschließen sollten, die Behauptungen zu untersuchen und zu verstehen, werden wir Folgendes feststellen: Eine gründliche Auswertung der weltweiten UFO-Forschung der letzten Jahrzehnte sowie anderer Phänomene offenbar außerirdischen Ursprungs (Entführung durch Außerirdische, Implantate, Tierverstümmelungen und sogar Bewusstseinskontrolle) bieten hinreichend Beweise für die Sichtweise der *Verbündeten der Menschheit*; die Botschaften in den Ausführungen der Verbündeten klären erstaunlicherweise Fragen, die seit Jahren unter Forschern für Verwirrung sorgen, und erklären viele der mysteriösen, aber nicht zu leugnenden Belege.

Aber sobald wir diese Angelegenheiten untersucht und uns selbst vergewissert haben, dass die Botschaft der Verbündeten nicht nur glaubhaft, sondern sogar zwingend ist, was dann? Unsere Überlegungen werden uns zu der unvermeidlichen Schlussfolgerung führen, dass unsere heutige Notlage tiefgreifende Parallelen zu dem Einfall europäischer "Zivilisation" in dem amerikanischen Kontinent im 15. Jahrhundert aufweist, als die indigenen Völker Amerikas außer Stande waren, die Komplexität und

Gefährlichkeit derjenigen Kräfte, die ihre Ufer erreichten, zu verstehen und in geeigneter Weise zu reagieren. Die "Besucher" kamen im Namen Gottes, stellten eindrucksvolle Technologien zur Schau und behaupteten, eine fortschrittlichere und zivilisiertere Lebensweise einführen zu wollen. (Es ist wichtig anzumerken, dass die europäischen Invasoren nicht das Böse an sich verkörperten, sondern lediglich opportunistisch Veranlagte waren und die Vernichtung einheimischer Kulturen eine nicht gezielt beabsichtigte Folge ihrer Unternehmungen war).

Und genau dies ist der Punkt: Die radikale und ausgedehnte Verletzung grundlegender Freiheiten, die die einheimischen Amerikaner erfahren mussten—einschließlich der raschen Dezimierung ihrer Bevölkerung—stellt nicht nur eine ungeheure menschliche Tragödie dar, sondern veranschaulicht als Untersuchungsobjekt unsere gegenwärtige Situation. Aber dieses Mal sind wir alle die Ureinwohner dieser einen Welt und sofern wir dieses Mal keine kreativere und auf Gemeinsamkeit beruhende Reaktion finden sollten, könnten wir ein vergleichbares Schicksal erleiden. Dies ist genau jene Erkenntnis, zu der uns die Verbündeten der Menschheit führen.

Und trotz allem ist dies ein Buch, das Leben verändern kann, denn es aktiviert eine tiefe innere Berufung in uns, die uns an unseren Zweck erinnert, für den wir zu genau diesem Zeitpunkt in der Menschheitsgeschichte leben und es führt uns nichts Geringeres als unsere Bestimmung vor Augen. An dieser Stelle werden wir mit der unbehaglichsten aller Erkenntnisse konfrontiert: Die Zukunft der Menschheit kann unmittelbar davon abhängen, wie wir auf diese Botschaft reagieren.

Obwohl die *Verbündeten der Menschheit* eine tiefgreifende Warnung aussprechen, rufen sie keine Angst oder gar eine Untergangsstimmung hervor. Vielmehr vermittelt die Botschaft Zuversicht in einer offenbar außerordentlich gefährlichen und prekären Situation. Die bekundete Absicht besteht darin, die menschliche Freiheit zu bewahren und zu stärken und eine persönliche und kollektive Reaktion auf die außerirdische Intervention herbeizuführen.

Passenderweise hat Rachel Carson selbst einmal in prophetischer Voraussicht das eigentliche Kernproblem herausgearbeitet, das uns daran hindert, auf die gegenwärtigen Krisensituationen zu reagieren: "Wir besitzen noch nicht die Reife," sagte sie, „uns selbst als einen nur winzigen Teil eines gewaltigen und unglaublichen Universums zu begreifen." Es ist eindeutig höchste Zeit für ein neues Verständnis von uns selbst, unserem Platz im Kosmos und dem Leben in einer Größeren Gemeinschaft (dem größeren physischen und spirituellen Universum, in das wir derzeit eintreten). Glücklicherweise gewähren uns *Die Verbündeten der Menschheit* Zugang zu erstaunlich umfangreichen spirituellen Lehren und Praktiken, die das Potenzial haben, uns diese fehlende Reife zu vermitteln mit einem Ansatz, der weder erdgebunden, noch anthropozentrisch ist, sondern in älteren, tieferen und universelleren Traditionen wurzelt.

Letztendlich stellt die Botschaft der *Verbündeten der Menschheit* fast unsere gesamten grundlegenden Vorstellungen über die Realität infrage und präsentiert uns sowohl unsere größte Chance für unseren Fortschritt als auch unsere größte Herausforderung für das Überleben. Obwohl die aktuelle Krise unsere Selbstbe-

stimmung als Spezies bedroht, kann sie auch die dringend notwendige Grundlage bieten, um die Einheit der menschlichen
Rasse herbeizuführen – nahezu eine Unmöglichkeit ohne diesen
größeren Zusammenhang. Durch die Perspektive, die uns die
Verbündeten der Menschheit vermitteln, und die umfangreichen
Lehren, die von Summers dargeboten werden, wird uns sowohl
die Notwendigkeit als auch die Inspiration vermittelt, die benötigt
werden, damit wir uns auf Grundlage eines tieferen Verständnisses zusammenschließen, um der voranschreitenden Evolution
der Menschheit zu dienen.

◆

In seinem Artikel für die vom Time Magazine erstellte Liste
der 100 einflussreichsten Stimmen des 20. Jahrhunderts schrieb
Peter Matthiessen über Rachel Carson: "Bevor es eine Umwelt-
bewegung gab, gab es eine tapfere Frau und ihr sehr mutiges
Buch". In einigen Jahren könnten wir möglicherweise Ähnliches
von Marshall Vian Summers sagen: Bevor es eine menschliche
Freiheitsbewegung und ihren Widerstand gegen die außerirdische Intervention gab, gab es einen tapferen Mann und seine
sehr mutige Botschaft, *Die Verbündeten der Menschheit*. Möge unsere Antwort dieses Mal schneller, entschlossener und im Geiste
der Einheit ausfallen!

—Michael Brownlee
Journalist

HINWEIS FÜR DEN LESER

Das Buch *Die Verbündeten der Menschheit* wird mit der Absicht vorgelegt, die Menschen auf eine völlig neue Realität vorzubereiten, die auf der Welt von heute noch versteckt und weitgehend unerkannt ist. Es bietet eine neue Perspektive, die die Menschen dazu befähigen soll, die größte Herausforderung und Chance zu erkennen, vor der wir als Rasse jemals standen. Die Lageberichte der Verbündeten enthalten eine Reihe von bedeutenden und geradezu alarmierenden Aussagen über die zunehmende extraterrestrische Intervention und Integration außerirdischer Kräfte in die menschliche Rasse sowie über die außerirdischen Aktivitäten und ihre verborgenen Machenschaften. Die Lageberichte der Verbündeten verfolgen nicht den Zweck, Beweise über die Realität der Besuche Außerirdischer auf unserem Planeten vorzulegen, was bereits in zahlreichen hervorragenden Büchern und Fachzeitschriften zu diesem Thema dokumentiert wird. Zweck der Lageberichte der Verbündeten ist vielmehr, die dramatischen und weitreichenden Folgen dieses Phänomens anzusprechen, unsere menschlichen Neigungen und Mutmaßungen hierzu infrage zu stellen und die Aufmerksamkeit der menschlichen Familie auf die enorme Herausforderung, vor der wir jetzt stehen, zu lenken. Die

Lageberichte gewähren uns einen flüchtigen Blick in die Realität intelligenten Lebens im Universum und in die Bedeutung, die ein Kontakt wirklich haben wird. Für viele Leser wird das, was in *Die Verbündeten der Menschheit* offenbart wird, völlig neu sein. Für andere wird es lediglich eine Bestätigung dessen sein, was sie seit langem gespürt und gewusst haben.

Obwohl dieses Buch eine dringende Warnung enthält, handelt es auch von der Erlangung eines höheren Bewusstseins, das „Kenntnis" genannt wird und das eine größere telepathische Fähigkeit zwischen Menschen und Rassen mit sich bringt. Im Lichte dessen wurden auch die Lageberichte der Verbündeten an den Autor von einer multirassischen, außerirdischen Gruppe von Individuen übertragen, die sich selbst als "Verbündete der Menschheit" bezeichnen. Sie beschreiben sich selbst als körperliche Wesen aus anderen Welten, die sich in Nähe der Erde in unserem Sonnensystem zusammengefunden haben, um die Kommunikation und die Aktivitäten jener außerirdischen Rassen zu beobachten, die sich hier auf unserer Welt befinden und in menschliche Angelegenheiten eingreifen. Sie betonen, dass sie selbst auf unserer Welt nicht physisch anwesend sind und lediglich fehlende Weisheit anbieten wollen, nicht jedoch Technologien oder gar irgendeine Form der Einmischung.

Die Lageberichte der Verbündeten wurden dem Autor im Verlauf eines Jahres übermittelt. Sie bieten Perspektiven und Einblicke in ein komplexes Thema, das, trotz sich jahrzehntelang mehrender Beweise, Forscher weiterhin verwirrt. Doch dieser Einblick ist in seiner Herangehensweise an dieses Thema weder romantisch, noch spekulativ oder idealistisch. Er ist, ganz im Ge-

genteil, derart unverblümt realistisch und kompromisslos, dass er sogar von jenen Lesern, die mit der Thematik gut vertraut sind, als Herausforderung empfunden werden dürfte.

Um daher das, was dieses Buch anzubieten hat, aufnehmen zu können, ist es erforderlich, dass du viele der Überzeugungen, Vermutungen und Fragen, die du über den Kontakt mit außerirdischen Kräften oder darüber, wie dieses Buch empfangen wurde, haben könntest, zumindest für einen Moment beiseite legst. Der Inhalt dieses Buches ist wie eine Flaschenpost, die von jenseits der Welt hierher gesandt wurde. Wir sollten uns daher zunächst weniger um die Flasche kümmern, sondern mehr um die Nachricht selbst.

Um die herausfordernde Botschaft wirklich begreifen zu können, müssen wir uns vielen vorherrschenden Annahmen und Neigungen zur Frage der Möglichkeit und Realität eines Kontakts mit Außerirdischen stellen und sie offen hinterfragen. Diese umfassen:

- die Leugnung des Phänomens;
- hoffnungsvolle Erwartungen;
- die Fehlinterpretation der Beweislage, um unsere Überzeugungen zu bestätigen;
- das Herbeiwünschen und die Erwartung einer Errettung durch die "Besucher";
- den Glauben, dass außerirdische Technologie uns retten wird;
- Hoffnungslosigkeit und Unterwürfigkeit gegenüber einer vermeintlich überlegenen Macht;

- die Forderung, dass Regierungen alle Informationen offenlegen sollen, ohne jedoch parallel hierzu zu fordern,
dass auch ETs ihre Aktivitäten offenlegen müssen;
- die Ablehnung menschlicher Führungspersonen und Institutionen, während die "Besucher" unhinterfragt will-
kommen geheißen werden;
- die Vermutung, dass die Besucher wohlwollend sind,
weil sie uns noch nicht angegriffen oder besetzt haben;
- die Vermutung, dass eine fortgeschrittene Technologie
zwangsläufig mit einer fortentwickelten Ethik und Spiritualität einhergeht;
- den Glauben, dass dieses Phänomen ein Mysterium
sein müsse, obgleich es in Wirklichkeit ein für uns ver-
stehbares Ereignis ist;
- den Glauben, dass Außerirdische auf irgendeine Weise
einen Anspruch auf die Menschheit und diesen Planeten besitzen;
- und den Glauben, dass die Menschheit verdammt ist
und es ohnehin nicht aus eigener Kraft schaffen kann.

Die Lageberichte der Verbündeten stellen all diese Vermutungen
und menschlichen Neigungen infrage und sprengen zahlreiche
der von uns gepflegten Mythen darüber, wer uns besucht und
weshalb sie hier sind.

Die Lageberichte der Verbündeten der Menschheit wollen
uns eine größere Perspektive und ein tieferes Verständnis für
unsere Bestimmung in einem größeren Spektrum intelligenten
Lebens im Universum vermitteln. Um dies zu erreichen, appel-
lieren die Verbündeten nicht an unseren analytischen Verstand,

sondern an unsere Kenntnis, den tieferen Bestandteil unseres Wesens, in dem die Wahrheit, wie getrübt sie auf der Welt auch sein mag, unmittelbar erkannt und erfahren werden kann.

Das Buch Eins *Die Verbündeten der Menschheit* wird zahlreiche Fragen aufwerfen, die eine weitergehende Untersuchung und Betrachtung erfordern werden. Ihr Schwerpunkt liegt nicht darauf, Namen, Daten und Orte zu nennen, sondern uns eine Sichtweise zur Gegenwart Außerirdischer auf der Welt und zum Leben im Universum zu vermitteln, die wir als menschliche Wesen auf anderem Wege nicht erlangen können. Während wir noch in vermeintlicher Isolation auf der Oberfläche unserer Welt leben, können wir noch nicht erkennen und wissen, wie sich intelligentes Leben jenseits unserer Grenzen verhält. Hierzu bedürfen wir Hilfe, Hilfe einer außergewöhnlichen Art. Wir werden eine derartige Hilfe möglicherweise zunächst nicht erkennen oder akzeptieren. Dennoch ist sie hier.

Die erklärte Absicht der Verbündeten ist es, uns für die Risiken des Eintritts in eine Größere Gemeinschaft intelligenten Lebens zu sensibilisieren und uns dabei zu unterstützen, diese große Schwelle so erfolgreich zu überschreiten, dass menschliche Freiheit, Souveränität und Selbstbestimmung bewahrt werden können. Die Verbündeten sind hier, um uns darüber zu beraten, dass die Menschheit eigene „Regeln der Kontaktaufnahme" in dieser beispiellosen Zeit aufstellen muss. Wie die Verbündeten erläutern, werden wir, falls wir weise, vorbereitet und einig sind, den für uns vorgesehenen Platz als reife und freie Rasse in der Größeren Gemeinschaft einnehmen können.

◆

Im Laufe der Zeit, als diese Reihe von Lageberichten ein-
getroffen ist, haben die Verbündeten gewisse Schlüsselgedanken
stetig wiederholt, die nach ihrer Auffassung entscheidend für unser Verständnis sind. Wir haben diese Wiederholungen im Buch
beibehalten, um die Absicht und Integrität ihrer Kommunikation
zu bewahren. Aufgrund der Dringlichkeit der Botschaft der Verbündeten und derjenigen Kräfte auf der Welt, die diese Botschaft
bekämpfen würden, liegt in diesen Wiederholungen Weisheit
und Notwendigkeit.

Nach Veröffentlichung von *Die Verbündeten der Menschheit*
im Jahr 2001 haben die Verbündeten eine zweite Serie von Lageberichten gesandt, um ihre wichtige Botschaft an die Menschheit
zu vervollständigen. *Die Verbündeten der Menschheit, Buch Zwei,*
präsentiert aufrüttelnde neue Informationen über die Beziehungen zwischen Rassen in unserem lokalen Universum und über
die Art, den Zweck und die äußerst verborgenen Aktivitäten derjenigen Rassen, die in menschliche Angelegenheiten eingreifen.
Dank jener Leser, die die Dringlichkeit der Botschaft der Verbündeten erkannt und die Lageberichte in andere Sprachen übersetzt
haben, wächst das weltweite Bewusstsein für die Realität der Intervention.

Wir von der *New Knowledge Library* sind der Überzeugung,
dass diese zwei Reihen von Lageberichten möglicherweise eine
der wichtigsten Botschaften enthalten, die heute auf der Welt verbreitet werden. *Die Verbündeten der Menschheit* ist nicht lediglich
ein weiteres Buch mit neuen Spekulationen über das UFO/ET-

Phänomen. Es ist eine authentische Botschaft des Wandels, das direkt den der fremden Intervention zugrundeliegenden Zweck beleuchtet, um so das Bewusstsein zu entwickeln, das wir benötigen, um uns den vor uns liegenden Herausforderungen und Chancen stellen zu können.

—NEW KNOWLEDGE LIBRARY

Wer sind
die Verbündeten der Menschheit?

Die Verbündeten dienen der Menschheit, da sie der Wiedererlangung und dem Ausdruck der Kenntnis überall in der Größeren Gemeinschaft dienen. Sie stellen die Weisen in vielen Welten dar, die einen Höheren Zweck im Leben unterstützen. Zusammen teilen sie eine größere Kenntnis und Weisheit, die über weite Entfernungen des Raums und über alle Grenzen von Rasse, Kultur, Temperament und Umwelt hinweg übertragen werden kann. Ihre Weisheit ist durchdringend. Ihr Können ist groß. Ihre Präsenz ist verborgen. Sie erkennen euch an, weil sie erkennen, dass ihr eine aufstrebende Rasse seid, die sich in eine sehr schwierige und wettbewerbsgeprägte Umgebung in der Größeren Gemeinschaft erhebt.

◆

SPIRITUALITÄT DER GRÖSSEREN GEMEINSCHAFT
Kapitel 15: Wer dient der Menschheit?

... Vor über zwanzig Jahren versammelte sich eine Gruppe von Individuen aus verschiedenen Welten an einem geheimen Ort in unserem Sonnensystem in Nähe der Erde, um die außerirdische Intervention, die auf unserer Welt stattfindet, zu beobachten. Aus ihrer versteckten Beobachtungsstellung konnten sie die Identität, die Organisation und Absichten derjenigen in Erfahrung bringen, die unsere Welt derzeit aufsuchen und ihre Aktivitäten überwachen.

Diese Gruppe von Beobachtern nennt sich selbst "Die Verbündeten der Menschheit."

Dies ist ihr Bericht.

Die
Lageberichte

◆

Die außerirdische Anwesenheit in der Welt von heute

Es ist eine große Ehre für uns, diese Informationen denjenigen unter euch zu übermitteln, die das Glück haben, diese Botschaft hören zu können. Wir sind die Verbündeten der Menschheit. Diese Übertragung wird durch die Präsenz der Unsichtbaren ermöglicht, der spirituellen Berater, die die Entwicklung intelligenten Lebens sowohl auf eurer Welt als auch überall in der Größeren Gemeinschaft von Welten beaufsichtigen.

Wir kommunizieren nicht mittels einer mechanischen Vorrichtung, sondern über einen spirituellen Kanal, der nicht manipuliert werden kann. Obwohl wir in demselben physischen Universum leben wie ihr, haben wir das Privileg, auf diese Weise kommunizieren zu können, um die Informationen, die wir euch mitteilen müssen, zu übertragen.

Wir sind eine kleine Gruppe, die die Ereignisse auf eurer Welt beobachtet. Wir kommen aus der Größeren Gemeinschaft. Wir mischen uns nicht in Angelegenheiten der Menschheit ein. Wir unterhalten hier keine Stützpunkte. Wir sind zu einem ganz bestimmten Zweck gesandt worden–um Zeugen der Ereignisse zu sein, die sich auf eurer Welt zutragen, und, sofern wir die Gelegenheit hierzu erhalten, euch mitzuteilen, was wir sehen und was wir wissen. Denn ihr lebt auf der Oberfläche eurer Welt und könnt die Vorgänge um euch herum nicht sehen. Ebenso wenig könnt ihr die Visitationen klar erkennen, die sich auf eurer Welt derzeit ereignen, oder das, was sie für eure Zukunft bedeuten.

Darüber möchten wir Zeugnis ablegen. Wir tun dies im Auftrag der Unsichtbaren, denn zu diesem Zweck sind wir gesandt worden. Die Informationen, die wir euch vermitteln werden, könnten befremdlich und verstörend auf euch wirken. Sie werden möglicherweise den Erwartungen vieler widersprechen, die diese Botschaft hören. Wir verstehen diese Schwierigkeit, denn wir selbst waren mit diesen Dingen in unseren eigenen Kulturen konfrontiert.

Wenn ihr die Informationen hört, könnte es zunächst schwierig sein, sie zu akzeptieren, aber sie sind von größter Bedeutung für alle, die einen Beitrag auf der Welt leisten wollen.

Seit vielen Jahren beobachten wir die Geschehnisse auf eurer Welt. Wir streben keine Beziehungen zur Menschheit an. Wir befinden uns nicht auf einer diplomatischen Mission. Wir sind von den Unsichtbaren mit dem Auftrag gesandt worden, uns in der Nähe eurer Welt aufzuhalten, um die Ereignisse, die wir im Folgenden beschreiben, zu beobachten.

Unsere Namen sind nicht wichtig. Sie wären für euch ohne Bedeutung. Und wir werden sie nicht bekanntgeben, um unserer eigenen Sicherheit willen, denn wir müssen verborgen bleiben, damit wir dienen können.

Zunächst ist es notwendig, dass die Menschen überall begreifen, dass die Menschheit dabei ist, in eine Größere Gemeinschaft intelligenten Lebens einzutreten. Eure Welt wird derzeit von mehreren außerirdischen Rassen und verschiedenen Organisationen von Rassen "besucht". Dies geschieht bereits seit einiger Zeit. Es gab Visitationen während der gesamten Menschheitsgeschichte, aber nichts in vergleichbarem Umfang. Die Erfindung von Nuklearwaffen und die Zerstörung eurer natürlichen Welt haben diese Kräfte an eure Ufer gebracht.

Uns ist bekannt, dass es heute viele Menschen auf der Welt gibt, die zu erkennen beginnen, dass dies geschieht. Und wir wissen ebenso, dass es mannigfaltige Interpretationen dieser Visitationen gibt–was sie bedeuten könnten und was sie euch bieten könnten. Und viele der Menschen, die über diese Vorkommnisse Bescheid wissen, sind sehr zuversichtlich und erwarten einen großen Nutzen für die Menschheit. Wir verstehen dies. Es ist ganz natürlich, dies zu erwarten. Es ist natürlich, Hoffnungen zu haben.

Die Visitationen auf eurer Welt sind jetzt sehr umfangreich, sodass Menschen überall auf der Welt sie beobachten und ihre Auswirkungen unmittelbar erfahren. Was diese "Besucher" aus der Größeren Gemeinschaft, diese verschiedenen Organisationen von Wesen, zu euch geführt hat, ist nicht, den Fortschritt der Menschheit oder ihre spirituelle Erziehung zu unterstützen. Was diese

Kräfte in einem solchen Ausmaß und mit einer solchen Zielstrebigkeit an eure Ufer geführt hat, sind die Ressourcen eurer Welt.

Wir verstehen, dass es anfangs schwierig sein kann, dies zu akzeptieren, weil ihr noch nicht zu schätzen wisst, wie schön eure Welt ist, wie viel sie besitzt und was für ein seltenes Juwel sie in einer Größeren Gemeinschaft karger Welten und leeren Raums ist. Welten wie eure sind in der Tat selten. Die meisten Orte, die jetzt in der Größeren Gemeinschaft bewohnt sind, wurden kolonisiert, was durch Technologie möglich gemacht wurde. Aber Welten wie eure, wo sich Leben auf natürliche Weise entwickelt hat, ohne den Einsatz von Technologie, sind weitaus seltener als euch bewusst ist. Andere schauen natürlich sehr aufmerksam hierauf, denn die biologischen Ressourcen eurer Welt werden seit Jahrtausenden von mehreren Rassen genutzt. Sie wird von einigen als Warenlager betrachtet. Doch die Entwicklung der menschlichen Kultur und gefährlicher Waffen sowie die anhaltende Zerstörung dieser Ressourcen haben die außerirdische Intervention verursacht.

Vielleicht fragt ihr euch, warum keine diplomatischen Anstrengungen unternommen werden, um Verbindung mit den Führern der Menschheit herzustellen. Diese Frage ist vernünftig, aber die Schwierigkeit besteht darin, dass es niemand gibt, der die Menschheit repräsentiert, denn euer Volk ist geteilt und eure Nationen streiten untereinander. Die Besucher, von denen wir sprechen, gehen zudem davon aus, dass ihr kriegerisch und aggressiv seid, und dass ihr Schaden und Feindseligkeit in das Universum um euch herum tragen würdet, obwohl ihr auch gute Eigenschaften besitzt.

Deshalb wollen wir euch in unseren Vorträgen eine Vorstellung von dem vermitteln, was derzeit stattfindet, was dies für die Menschheit bedeutet und wie dies zu eurer spirituellen Entwicklung, eurer sozialen Entwicklung und eurer Zukunft auf der Welt und in der Größeren Gemeinschaft der Welten in Beziehung steht.

Die Menschen sind sich der Anwesenheit außerirdischer Kräfte nicht bewusst, sie erkennen nicht die Anwesenheit der Ressourcensucher, derjenigen, die ein Bündnis mit der Menschheit zu ihrem eigenen Vorteil anstreben. Vielleicht sollten wir damit beginnen, euch eine Vorstellung davon zu geben, wie das Leben jenseits eurer Ufer aussieht, denn ihr seid noch nicht weit gereist und könnt diese Dinge nicht aus eigener Anschauung kennen.

Ihr wohnt in einem Teil der Galaxie, der relativ dicht besiedelt ist. Nicht alle Teile der Galaxie sind so besiedelt. Es gibt weite unerforschte Regionen. Es gibt viele versteckte Rassen. Handel und Gewerbe zwischen Welten finden nur in bestimmten Regionen statt. Die Umgebung, in die ihr eintreten werdet, ist stark von Konkurrenz geprägt. Überall besteht Bedarf an Ressourcen und viele technologische Gesellschaften haben die natürlichen Ressourcen ihrer Welten aufgebraucht und müssen handeln, tauschen und reisen, um das zu erlangen, was sie benötigen. Es ist eine sehr komplizierte Situation. Viele Bündnisse werden gebildet und Konflikte treten auf.

An dieser Stelle ist es möglicherweise notwendig festzuhalten, dass die Größere Gemeinschaft, in die ihr eintretet, zwar ein schwieriges Umfeld mit zahlreichen Herausforderungen ist, dass sie jedoch auch große Gelegenheiten und große Möglichkeiten für die Menschheit bereithält. Doch damit diese Möglichkeiten und Vorteile genutzt werden können, muss sich die Menschheit vorbereiten und lernen, wie das Leben im Universum tatsächlich ist. Und sie muss erkennen, was Spiritualität innerhalb einer Größeren Gemeinschaft intelligenten Lebens bedeutet.

Aus unserer eigenen Geschichte wissen wir, dass dies die größte Schwelle ist, die eine Welt jemals zu überwinden haben wird. Es ist allerdings nicht etwas, das ihr selbst planen könnt. Es ist nicht etwas, das ihr für eure eigene Zukunft gestalten könnt. Denn genau jene Kräfte, die die Realität der Größeren Gemeinschaft zu euch bringen würden, sind bereits auf der Welt. Die Umstände haben sie hierher gebracht. Sie sind hier.

Vielleicht gibt euch das eine Vorstellung davon, wie das Leben jenseits eurer Grenzen funktioniert. Wir wollen euch keine Vorstellung vermitteln, die angsterfüllt ist, aber es ist zu eurem eigenen Wohl und für eure Zukunft erforderlich, dass ihr eine ehrliche Einschätzung habt und diese Dinge klar erkennen könnt.

Die Notwendigkeit, sich auf das Leben in der Größeren Gemeinschaft vorzubereiten, ist nach unserer Auffassung die vorrangigste Aufgabe, die es heute auf eurer Welt gibt. Und doch, wie uns unsere Beobachtung erkennen lässt, sind die Menschen hauptsächlich mit ihren eigenen Angelegenheiten und ihren eigenen alltäglichen Problemen beschäftigt, ohne sich der größeren Mächte bewusst zu sein, die ihre Bestimmung ändern und ihre Zukunft beeinflussen werden.

Die Kräfte und Gruppen, die heute hier sind, repräsentieren mehrere verschiedene Bündnisse. Diese unterschiedlichen Bündnisse haben sich für ihre Vorhaben nicht vereint. Jedes setzt sich aus verschiedenen rassischen Gruppierungen zusammen, die zusammenarbeiten, um mit vereinten Kräften Zugang zu den Ressourcen eurer Welt zu erlangen und diesen Zugang aufrecht zu erhalten. Diese verschiedenen Bündnisse befinden sich grundsätzlich in Konkurrenz zueinander, auch wenn sie keinen Krieg gegeneinander führen. Sie betrachten eure Welt als eine große Trophäe, etwas, das sie besitzen wollen.

Dies stellt euch vor eine enorme Herausforderung, denn die Kräfte, die euch besuchen, verfügen nicht nur über fortgeschrittene Technologien, sondern auch über einen starken sozialen Zusammenhalt und sind in der Lage, Gedanken in der mentalen Umgebung zu beeinflussen. Ihr müsst verstehen, dass in der Größeren Gemeinschaft Technologien leicht erworben werden können, und daher liegt der große Wettbewerbsvorteil zwischen konkurrierenden Gesellschaften in der Fähigkeit, Gedanken zu beeinflussen. Hier sind sehr ausgefeilte Kräfte entwickelt worden. Dies umfasst eine Reihe von Fähigkeiten, die die Menschheit derzeit erst zu entdecken beginnt.

Aus diesem Grunde kommen eure Besucher nicht ausgestattet mit mächtigen Waffen oder mit einer Armada von Raumschiffen. Sie kommen in verhältnismäßig kleinen Gruppen, aber sie verfügen über beträchtliche Fähigkeiten, Menschen zu beeinflussen. Dies stellt eine verfeinerte und reifere Ausübung von Macht in der Größeren Gemeinschaft dar. Eben diese Fähigkeiten muss die Menschheit in Zukunft kultivieren, wenn sie im Umgang mit anderen Rassen erfolgreich bestehen will.

Die Besucher sind hier, um die Gefolgschaft der Menschheit zu erlangen. Sie wollen nicht die menschlichen Einrichtungen oder menschliche Anwesenheit zerstören. Stattdessen wollen sie diese zu ihrem eigenen Vorteil nutzen. Ihre Absicht lautet Nutzung, nicht Zerstörung. Sie glauben, dass sie im Recht sind und dass sie die Welt retten. Einige von ihnen glauben sogar, dass sie die Menschheit vor sich selbst retten. Aber diese Sichtweise dient weder euren größeren Interessen noch fördert sie die Weisheit oder die Selbstbestimmung innerhalb der menschlichen Familie.

Doch weil es auch Kräfte des Guten in der Größeren Gemeinschaft gibt, habt ihr Verbündete. Wir sind die Stimme eurer Verbündeten, der Verbündeten der Menschheit. Wir sind nicht hier, um eure Ressourcen zu nutzen oder euch das wegzunehmen, was ihr besitzt. Wir wollen die Menschheit nicht zu einem Vasallenstaat oder einer Kolonie für unsere eigenen Zwecke machen. Stattdessen wollen wir die Stärke und Weisheit der Menschheit fördern, weil wir dies überall in der Größeren Gemeinschaft unterstützen.

Unsere Rolle ist daher von großer Bedeutung und unsere Informationen werden dringend gebraucht, weil derzeit sogar diejenigen, die Kenntnis von der Anwesenheit der Besucher haben, noch nichts über ihre Absichten wissen. Die Menschen verstehen die Methoden der Besucher nicht. Und sie verstehen nichts von den ethischen oder moralischen Vorstellungen der Besucher. Die Menschen glauben, die Besucher seien entweder Engel oder Monster. Aber in Wirklichkeit ähneln sie euch sehr in ihren Bedürfnissen. Wenn ihr die Welt mit ihren Augen sehen könntet, würdet ihr deren Bewusstsein und deren Motivation verstehen. Aber um das zu können, müsstet ihr euch jenseits eurer eigenen Grenzen begeben können.

Um Einfluss auf eure Welt zu erlangen sind die Besucher in vier grundlegenden Handlungsbereichen tätig. Jeder dieser Handlungsbereiche wird zwar für sich durchgeführt, aber sie werden alle miteinander koordiniert. Sie werden durchgeführt, weil die Menschheit bereits seit geraumer Zeit erforscht worden ist. Menschliches Denken, menschliches Verhalten, menschliche Physiologie und menschliche Religion sind seit langer Zeit untersucht worden. Diese Dinge werden von euren Besuchern gut verstanden und zu ihren eigenen Zwecken verwendet.

Der erste Handlungsbereich der Besucher zielt darauf ab, Personen in Macht- und Entscheidungspositionen zu beeinflussen. Da die Besucher nichts auf der Welt zerstören und die Rohstoffe der Welt nicht schädigen wollen, versuchen sie, Einfluss auf diejenigen zu erlangen, die nach ihrer Auffassung in Machtpositionen sind, vorrangig in Regierungen und Religionsgemeinschaften. Sie suchen den Kontakt, aber nur zu bestimmten Individuen. Sie haben die Macht, diesen Kontakt herzustellen, und sie besitzen die Macht der Überredung. Nicht alle, die sie kontaktieren, werden sich überreden lassen, aber viele werden es. Das Versprechen, mehr Macht, fortgeschrittenere Technologien oder sogar die Weltherrschaft zu erhalten, wird viele Individuen faszinieren und antreiben. Und zu eben diesen Individuen werden die Besucher versuchen, einen Kontakt herzustellen.

Es gibt nur wenige Leute in den Regierungen der Welt, die hiervon betroffen sind, aber ihre Zahl wächst. Die Besucher verstehen die Hierarchien der Macht, weil sie selbst nach ihnen leben und, so könnte man sagen, ihren eigenen Befehlsketten folgen. Sie sind hochgradig durchorganisiert und sehr auf ihre

Tätigkeiten konzentriert und die Vorstellung, Kulturen voller frei denkender Individuen zu haben, ist ihnen weitgehend fremd. Sie begreifen und verstehen individuelle Freiheit nicht. Sie sind wie viele technologisch fortgeschrittene Gesellschaften in der Größeren Gemeinschaft, die auf ihren eigenen Welten und in ihren Stützpunkten über enorme Reichweiten im Raum hinweg funktionieren, indem sie bewährte und starre Regierungs- und Organisationsformen verwenden. Sie glauben, dass die Menschheit chaotisch und widerspenstig ist und sie sind der Überzeugung, dass sie Ordnung in eine Situation bringen, die sie selbst nicht durchschauen. Individuelle Freiheit ist ihnen unbekannt, und sie erkennen darin keinen Wert. Aufgrund dessen wird das, was sie auf der Welt anstreben, diese Freiheit nicht ehren.

Deshalb hat ihr erster Handlungsbereich zum Ziel, eine Verbindung zu Individuen in Macht- und Einflusspositionen aufzubauen, um deren Gefolgschaft zu erlangen und sie von den Vorteilen einer Beziehung und eines gemeinsames Zwecks zu überzeugen.

Das zweite Handlungsfeld, das aus eurer Perspektive vielleicht am schwierigsten zu begreifen ist, betrifft die Manipulation religiöser Werte und Impulse. Die Besucher verstehen, dass die größten Fähigkeiten der Menschheit gleichzeitig ihre größte Verwundbarkeit darstellen. Die Sehnsucht der Menschen nach individueller Erlösung stellt eine der größten Errungenschaften dar, die die menschliche Familie anzubieten hat, sogar für die Größere Gemeinschaft. Aber es ist auch eure Schwäche. Und es sind eben diese Impulse und diese Werte, die gezielt ausgenutzt werden.

Mehrere Gruppen der Besucher möchten sich als spirituelle Führer etablieren, weil sie wissen, wie man in der mentalen Umgebung spricht. Sie sind in der Lage, direkt mit den Menschen zu kommunizieren, und da es leider nur sehr wenige Menschen auf der Welt gibt, die den Unterschied zwischen einer spirituellen Stimme und der Stimme der Besucher erkennen können, wird die Situation sehr schwierig.

Der zweite Handlungsbereich zielt daher darauf ab, die Gefolgschaft der Menschen mithilfe ihrer religiösen und spirituellen Motivation zu erlangen. Dies kann tatsächlich vergleichsweise einfach erreicht werden, da die Menschheit im Bereich der mentalen Umgebung noch nicht weit entwickelt und stark ist. Es ist für die Menschen schwierig, zu erkennen, woher diese Impulse stammen. Viele Menschen wollen sich allem hingeben, was ihrer Meinung nach eine größere Stimme und eine größere Macht besitzt. Eure Besucher können Bilder projizieren–Bilder eurer Heiligen, eurer Lehrer, von Engeln–Bilder, die auf eurer Welt für heilig gehalten und verehrt werden. Sie haben diese Fähigkeit in vielen, vielen Jahrhunderten kultiviert, in denen sie versucht haben, sich gegenseitig zu beeinflussen und indem sie die Arten der Beeinflussung gelernt haben, die an zahlreichen Orten in der Größeren Gemeinschaft praktiziert werden. Sie betrachten euch als primitiv und daher glauben sie, dass sie diesen Einfluss ohne Weiteres auf euch ausüben und diese Methoden auf euch anwenden können.

Hier wird versucht, diejenigen Individuen zu kontaktieren, die für sensibel, empfänglich und von Natur aus kooperativ erachtet werden. Viele Menschen werden aufgerufen, aber nur einige wenige werden aufgrund dieser besonderen Eigenschaften auserwählt werden. Eure Besucher werden versuchen, die Gefolgschaft dieser Personen zu erlangen, ihr Vertrauen zu gewinnen und ihre Hingabe zu erhalten, indem sie den Empfängern erzählen, dass die Besucher hier sind, um die Menschheit spirituell zu erheben, um der Menschheit eine neue Hoffnung zu bringen, neue Segnungen und neue Kraft–sie versprechen in der Tat Dinge, die die Menschen zwar unbedingt haben wollen, bislang aber selbst nicht finden konnten. Vielleicht fragt ihr euch: "Wie kann so etwas geschehen?" Aber wir können euch versichern, dass es nicht schwierig ist, sobald ihr diese Fähigkeiten und Fertigkeiten erlernt habt.

In diesem Bereich wird versucht, die Menschen durch spirituelle Überredung ruhig zu stellen und umzuerziehen. Dieses "Pazifizierungsprogramm" wird auf verschiedene religiöse Gruppierungen auf unterschiedliche Weise angewandt, je nach ihren jeweiligen Idealen und ihren Eigenschaften. Es ist stets auf empfängliche Individuen ausgerichtet. Es wird gehofft, dass die Menschen ihr Urteilsvermögen verlieren und sich ganz der größeren Macht anvertrauen, die ihnen, wie sie meinen, von den Besuchern verliehen wird. Sobald diese Gefolgschaft fest errichtet ist, wird es für die Menschen zunehmend schwieriger, zwischen dem, was sie selbst wissen, und dem, was ihnen erzählt wird, zu unterscheiden. Es ist eine sehr subtile, aber sehr umfassende Form der Überredung und Manipulation. Wir werden im weiteren Verlauf unserer Ausführungen mehr hierzu berichten.

Lasst uns jetzt auf den dritten Handlungsbereich eingehen, der darauf ausgerichtet ist, die Anwesenheit der Besucher auf der Welt zu festigen und die Menschen an diese Anwesenheit zu gewöhnen. Sie wollen, dass die Menschheit sich an diesen sehr großen Wandel, der in eurer Mitte geschieht, gewöhnt–dass ihr euch an die physische Anwesenheit der Besucher und an ihren Einfluss auf eure eigene mentale Umgebung gewöhnt. Zu diesem Zweck werden sie hier Stützpunkte aufbauen, die allerdings nicht sichtbar sein werden. Diese Stützpunkte werden versteckt sein, aber sie werden einen sehr mächtigen Einfluss auf die menschliche Bevölkerung in ihrer Nähe ausüben. Die Besucher werden mit großer Sorgfalt vorgehen und sich ausreichend Zeit nehmen, um sicherzustellen, dass diese Stützpunkte wirksam funktionieren und dass genügend Menschen ihnen treu ergeben sind. Es sind diese Menschen, die die Anwesenheit der Besucher schützen und bewahren werden.

Dies ist genau das, was auf eurer Welt derzeit geschieht. Es stellt eine große Herausforderung und leider auch ein großes Risiko dar. Diese Sache, die wir beschreiben, hat sich zuvor bereits viele Male an vielen Orten in der Größeren Gemeinschaft ereignet. Und aufstrebende Rassen wie eure eigene sind stets am meisten gefährdet. Einige aufstrebende Rassen sind in der Lage, ihr eigenes Bewusstsein, ihre Fähigkeit und ihre Kooperation derart zu entwickeln, dass sie Einflüsse wie diese abwehren und selbst in der Größeren Gemeinschaft präsent sein und sich dort positionieren können. Doch viele Rassen fallen unter die Kontrolle und den Einfluss fremder Mächte, noch bevor sie diese Freiheit überhaupt erreichen.

Uns ist bewusst, dass diese Informationen erhebliche Ängste und möglicherweise Leugnung oder Verwirrung stiften können. Aber während wir die Ereignisse beobachten, erkennen wir, dass es nur sehr wenige Menschen gibt, die sich der Situation, wie sie tatsächlich ist, bewusst sind. Sogar jene Menschen, die von der Anwesenheit außerirdischer Kräfte Kenntnis erlangen, sind zumeist nicht in der Lage und verfügen nicht über den erforderlichen Überblick, um die Situation klar erkennen zu können. Und da sie stets voller Hoffnung und optimistisch sind, sind sie bestrebt, diesem großen Phänomen so viel positive Bedeutung wie möglich beizumessen.

Allerdings ist die Größere Gemeinschaft eine Umgebung voller Konkurrenz, eine sehr schwierige Umgebung. Diejenigen, die den Weltraum bereisen, gehören nicht zwangsläufig zu den spirituell Fortgeschrittenen, denn diejenigen, die spirituell fortgeschritten sind, sind bestrebt, sich von der Größeren Gemeinschaft fernzuhalten. Sie wollen keinen Handel. Sie versuchen nicht, andere Rassen zu beeinflussen und suchen keine Verbindungen zu dem sehr komplexen Geflecht von Beziehungen, die für den gegenseitigen Handel und Nutzen eingerichtet worden sind. Stattdessen versuchen die spirituell Fortgeschrittenen im Verborgenen zu bleiben. Dies stellt möglicherweise ein vollkommen anderes Verständnis dar, aber es ist für euch notwendig, die große Notlage zu verstehen, in der sich die Menschheit befindet. Doch diese Notlage birgt auch enorme Möglichkeiten. Über diese möchten wir jetzt sprechen.

Trotz des Ernstes der Lage, die wir beschreiben, haben wir nicht das Gefühl, dass diese Umstände eine Tragödie für die Menschheit sind. Denn falls diese Umstände richtig erkannt und verstanden werden und wenn die Vorbereitung für die Größere Gemeinschaft, die sich jetzt auf der Welt befindet, genutzt, erlernt und angewandt werden kann, dann werden alle Menschen guten Gewissens tatsächlich die Möglichkeit erlangen, die Kenntnis und die Weisheit der Größeren Gemeinschaft zu erlernen. Dadurch werden Menschen überall in die Lage versetzt, die Grundlage für eine Kooperation zu finden, damit die menschliche Familie zu einer Einheit finden kann, wie es sie vorher noch nie gegeben hat. Denn es bedarf des drohenden Schattens der Größeren Gemeinschaft, damit sich die Menschheit vereint. Und dieser Schatten taucht jetzt auf.

Es gehört zu eurer Evolution, in eine Größere Gemeinschaft des intelligenten Lebens einzutreten. Es wird passieren, ob ihr bereit seid oder nicht. Es muss geschehen. Vorbereitung ist daher der Schlüssel hierzu. Verständnis und Klarheit–dies sind die Dinge, die notwendig sind und auf eurer Welt in dieser Zeit gebraucht werden.

Überall haben Menschen große spirituelle Gaben, die sie in die Lage versetzen können, klar zu sehen und zu wissen. Diese Gaben werden jetzt gebraucht. Sie müssen erkannt, eingesetzt und freigiebig miteinander geteilt werden. Es obliegt nicht nur einem großen Lehrer oder einem großen Heiligen auf eurer Welt, dies zu vollbringen. Es muss von sehr viel mehr Menschen kultiviert werden. Denn die Situation geht mit einer Notwendigkeit einher, und wenn diese Notwendigkeit angenommen werden kann, bringt sie große Chancen.

Allerdings sind die Anforderungen enorm, um über die Größere Gemeinschaft zu lernen und zu beginnen, die Spiritualität der Größeren Gemeinschaft zu erfahren. Nie zuvor mussten Menschen so etwas in so kurzer Zeit lernen. Solche Dinge sind in der Tat kaum jemals von irgendjemandem auf eurer Welt erlernt worden. Aber jetzt hat sich die Notwendigkeit geändert. Die Umstände sind anders. Jetzt gibt es neue Einflüsse in eurer Mitte, Einflüsse, die ihr fühlen und erkennen könnt.

Die Besucher versuchen, die Menschen daran zu hindern, diesen Weitblick und diese Kenntnis in sich zu entwickeln, denn eure Besucher haben sie nicht in sich. Sie erkennen nicht deren Wert. Sie verstehen nicht deren Realität. In dieser Hinsicht ist die Menschheit in ihrer Gesamtheit weiter fortgeschritten als sie. Dies ist bislang aber nur ein Potenzial, ein Potenzial, das jetzt kultiviert werden muss.

Die außerirdische Anwesenheit auf der Welt nimmt derzeit zu. Sie wächst von Tag zu Tag, von Jahr zu Jahr. Immer mehr Menschen werden Opfer ihrer Überredungsprogramme, sie verlieren ihre Fähigkeit, zu wissen, sie werden verwirrt und abgelenkt, sie glauben an Dinge, die sie nur schwächen und machtlos machen können angesichts all jener, die versuchen würden, sie für ihre eigenen Zwecke auszunutzen.

Die Menschheit ist eine aufstrebende Rasse. Sie ist verwundbar. Sie steht jetzt vor einer Reihe von Umständen und Einflüssen, die sie zuvor noch niemals erlebt hat. Ihr habt bei eurer Entwicklung bislang nur untereinander konkurrieren müssen. Ihr habt noch nie mit anderen Formen intelligenten Lebens konkurrieren müssen. Doch es ist eben diese Konkurrenz, die euch stärken und eure größten Fähigkeiten in euch hervorrufen wird, falls die Situation klar erkannt und verstanden werden kann.

Es ist die Aufgabe der Unsichtbaren, diese Stärke zu fördern. Die Unsichtbaren, die ihr zu Recht als Engel bezeichnen würdet, sprechen nicht nur zu den menschlichen Herzen, sondern überall zu all jenen Herzen, die hören können und die die Freiheit erlangt haben, zuzuhören.

Wir kommen somit mit einer schwierigen Botschaft, aber es ist auch eine Botschaft der Verheißung und Hoffnung. Vielleicht ist es nicht die Botschaft, die die Menschen hören wollen. Es ist sicherlich keine Botschaft, die die Besucher unterstützen würden. Es ist eine Botschaft, die von Person zu Person weitergegeben werden kann und sie wird weitergegeben werden, weil es ganz natürlich ist, dies zu tun. Doch die Besucher und jene, die unter ihren Einfluss geraten sind, werden solch ein Bewusstsein bekämpfen. Sie wollen keine unabhängige Menschheit. Das entspricht nicht ihrer Absicht. Sie glauben noch nicht einmal, dass dies vorteilhaft ist. Daher ist es unser aufrichtiger Wunsch, dass diese Gedanken nicht mit Angst betrachtet werden, sondern mit einem nüchternen Verstand und einer tiefen Besorgnis, die hier sehr wohl gerechtfertigt sind.

Wir erkennen, dass es heute viele Menschen auf der Welt gibt, die spüren, dass ein großer Wandel auf die Menschheit zukommt. Die Unsichtbaren haben uns diese Dinge mitgeteilt. Viele Ursachen werden diesem Gefühl des Wandels zugeschrieben. Und viele Ereignisse werden vorhergesagt. Doch wenn ihr die Realität, dass die Menschheit in eine Größere Gemeinschaft intelligenten Lebens eintritt, nicht erkennen könnt, fehlt euch noch der Zusammenhang, um die Bestimmung der Menschheit oder den großen Wandel, der sich derzeit auf der Welt ereignet, begreifen zu können.

Aus unserer Sicht sind die Menschen in ihre Zeit hineingeboren worden, um dieser Zeit zu dienen. Dies ist eine Lehre der Spiritualität der Größeren Gemeinschaft, eine Lehre, deren Schüler wir ebenfalls sind. Sie lehrt Freiheit und die Macht des gemeinsamen Zwecks. Sie verleiht dem Individuum und dem Individuum, das sich mit anderen zusammenschließen kann, Macht–Vorstellungen, die in der Größeren Gemeinschaft nur selten akzeptiert oder angenommen werden, denn die Größere Gemeinschaft ist nicht das himmlische Reich. Sie ist eine physische Realität mit den Härten des Überlebens und allem, was dazugehört. Alle Wesen in dieser Realität müssen sich mit diesen Bedürfnissen und Problemen zurechtfinden. Und in diesem Sinne sind euch eure Besucher ähnlicher als ihr glaubt. Sie sind nicht undurchschaubar. Sie würden es bevorzugen, undurchschaubar zu sein, aber sie können verstanden werden. Ihr habt die Macht, dies zu tun, aber ihr müsst mit klaren Augen sehen. Ihr müsst mit einem größeren Weitblick schauen und mit einer größeren Intelligenz wissen, die ihr in euch selbst kultivieren könnt.

Es ist jetzt erforderlich, dass wir näher auf den zweiten Handlungsbereich der Einflussnahme und Überredung eingehen, da dies von großer Bedeutung ist, und es ist unser aufrichtiger Wunsch, dass ihr diese Dinge verstehen und eigenständig über sie nachdenken werdet.

Die Religionen der Welt halten den Schlüssel zur menschlichen Hingabe und menschlichen Gefolgschaft in ihren Händen, mehr noch als Regierungen, mehr als jede andere Institution. Das spricht für die Menschheit, denn Religionen wie diese sind in der Größeren Gemeinschaft nur selten zu finden. Eure Welt ist reich in dieser Hinsicht, aber eure Stärke ist auch die Stelle, an der ihr schwach und verwundbar seid. Viele Menschen wollen göttlich geführt und berufen werden, sie wollen die Zügel ihres eigenen Lebens abgeben und sie wollen, dass eine größere spirituelle Macht sie leitet, sie berät und sie bewahrt. Dies ist ein aufrichtiger Wunsch, aber innerhalb des Kontextes einer Größeren Gemeinschaft muss beträchtliche Weisheit kultiviert werden, damit dieser Wunsch erfüllt wird. Es macht uns traurig, mit anzusehen, wie Menschen ihre Macht so leichtfertig abgeben–etwas, das sie noch gar nicht vollständig besessen haben, werden sie bereitwillig an jene übertragen, die sie gar nicht kennen.

Diese Botschaft ist für diejenigen Menschen bestimmt, die eine größere spirituelle Neigung haben. Daher ist es notwendig, dass wir auf dieses Thema näher eingehen. Wir vertreten eine Spiritualität, die in der Größeren Gemeinschaft gelehrt wird, nicht eine Spiritualität, die von Nationen, Regierungen oder politischen Bündnissen dominiert wird, sondern eine natürliche Spiritualität–die Fähigkeit zu wissen, zu sehen und zu handeln. Von euren Besuchern wird dies jedoch nicht unterstützt. Sie versuchen, die Menschen glauben zu machen, dass die Besucher ihre Familie sind, dass die Besucher ihre Heimat sind, dass die Besucher ihre Brüder und Schwestern, ihre Mütter und Väter sind. Viele Menschen wollen glauben, und deshalb glauben sie. Die Menschen wollen ihre persönliche Macht abgeben, und daher wird sie abgegeben. Die Menschen wollen Freunde und eine Rettung in den Besuchern sehen, und daher wird ihnen genau das gezeigt.

Es bedarf einer großen Nüchternheit und Objektivität, um diese Täuschungen und diese Schwierigkeiten zu durchschauen. Aber es wird für die Menschen notwendig sein, dies zu bewerkstelligen, wenn die Menschheit erfolgreich in die Größere Ge-

meinschaft eintreten und ihre Freiheit und ihre Selbstbestimmung in einer Umwelt größerer Einflüsse und größerer Kräfte bewahren möchte. Angesichts dessen könnte eure Welt eingenom-
men werden, ohne dass ein Schuss abgefeuert werden müsste,
denn Gewalt wird als primitiv und roh betrachtet und kommt nur
selten in Angelegenheiten wie diesen zur Anwendung.

Ihr könntet jetzt vielleicht fragen, "Bedeutet dies, dass es eine
Invasion auf unserer Welt gibt?" Wir müssen sagen, dass die Antwort auf diese Frage "ja" lautet, eine Invasion der subtilsten Art.
Wenn ihr diese Gedanken ertragen und sie ernsthaft erwägen
könnt, werdet ihr in der Lage sein, dies selbst zu erkennen. Der
Beweis für diese Invasion ist überall. Ihr könnt sehen, wie die Fähigkeiten der Menschen von Sehnsüchten nach Glück, Frieden
und Sicherheit beeinträchtigt werden, wie die Weitsicht und die Er-
kenntnisfähigkeit der Menschen sogar durch Einflüsse innerhalb
ihrer eigenen Kulturen eingeschränkt werden. Wie viel größer werden diese Einflüsse erst in der Größeren Gemeinschaft sein.

Dies ist die schwierige Botschaft, die wir euch zu präsentieren haben. Dies ist die Botschaft, die mitgeteilt werden muss,
die Wahrheit, die ausgesprochen werden muss, die Wahrheit, die
entscheidend ist und nicht länger warten kann. Es ist absolut
notwendig, dass die Menschen jetzt eine größere Kenntnis, eine
größere Weisheit und eine größere Spiritualität erlernen, damit
sie ihre wahren Fähigkeiten entdecken und in die Lage versetzt
werden können, sie wirksam anzuwenden.

Eure Freiheit steht auf dem Spiel. Die Zukunft eurer Welt
steht auf dem Spiel. Aus diesem Grund wurden wir hierher gesandt, um im Namen der Verbündeten der Menschheit zu spre-

chen. Es gibt diejenigen im Universum, die Kenntnis und Weisheit lebendig erhalten und die eine Spiritualität der Größeren Gemeinschaft praktizieren. Sie reisen nicht umher und üben Einfluss auf verschiedene Welten aus. Sie entführen keine Menschen gegen ihren Willen. Sie stehlen nicht eure Tiere und eure Pflanzen. Sie üben keinen Einfluss auf eure Regierungen aus. Sie versuchen nicht, sich mit der Menschheit zu kreuzen, um hier eine neue Führungselite einzusetzen. Eure Verbündeten mischen sich nicht in menschliche Angelegenheiten ein. Sie manipulieren nicht die menschliche Bestimmung. Sie sehen aus der Ferne zu und sie schicken Abgesandte wie uns, unter Inkaufnahme großer Risiken, um Rat und Ermutigung auszusprechen und um Vorgänge aufzuklären, falls dies notwendig werden sollte. Wir kommen deshalb in Frieden mit einer entscheidenden Botschaft.

Jetzt müssen wir über den vierten Handlungsbereich sprechen, in dem eure Besucher versuchen, sich festzusetzen, und zwar durch Kreuzung. Sie können in eurer Umwelt nicht leben. Sie brauchen eure körperliche Widerstandsfähigkeit. Sie brauchen eure natürliche Anpassung an die Welt. Sie brauchen eure Fortpflanzungsfähigkeiten. Sie wollen sich auch deshalb mit euch verbinden, weil sie begreifen, dass dadurch Gefolgschaft erzeugt wird. Hierdurch wird in gewisser Weise ihre Anwesenheit errichtet, denn die Nachkommen eines solchen Programms werden zwar Blutsverwandtschaften auf der Welt haben, und dennoch werden sie den Besuchern treu ergeben sein. Dies mag vielleicht unglaublich erscheinen, aber es ist sehr real.

Die Besucher sind nicht hier, um euch eurer Fortpflanzungsfähigkeiten zu berauben. Sie sind hier, um sich hier festzusetzen.

Sie wollen, dass die Menschheit ihnen vertraut und ihnen dient. Sie wollen, dass die Menschheit für sie arbeitet. Sie werden alles versprechen, alles anbieten und alles tun, um dieses Ziel zu erreichen. Doch obwohl ihre Überredungskünste groß sind, ist ihre Anzahl gering. Aber ihr Einfluss wächst und ihr Kreuzungsprogramm, das seit mehreren Generationen im Gange ist, wird sich schließlich als wirksam erweisen. Es wird Menschen von größerer Intelligenz geben, die jedoch nicht der menschlichen Familie verpflichtet sind. Solche Dinge sind möglich und haben sich bereits unzählige Male in der Größeren Gemeinschaft ereignet. Ihr müsst nur auf eure eigene Geschichte schauen, um die Auswirkungen von Kulturen und Rassen aufeinander zu erkennen und um zu erkennen, wie dominierend und wie einflussreich diese Wechselwirkungen sein können.

Wir bringen daher wichtige Nachrichten, ernste Nachrichten. Aber ihr müsst Mut fassen, denn dies ist nicht die Zeit für Zwiespältigkeit. Dies ist nicht die Zeit, um nach einer Ausflucht zu suchen. Dies ist nicht die Zeit, um euch mit eurem eigenen Glück zu befassen. Dies ist eine Zeit, um einen Beitrag auf der Welt zu leisten, um die menschliche Familie zu stärken und um die in euch liegenden natürlichen Fähigkeiten zu aktivieren–die Fähigkeit zu sehen, zu wissen und in Harmonie miteinander zu handeln. Diese Fähigkeiten können dem Einfluss, dem die Menschheit zu diesem Zeitpunkt ausgesetzt ist, entgegenwirken, aber diese Fähigkeiten müssen wachsen und miteinander geteilt und weitergegeben werden. Dies ist von äußerster Wichtigkeit.

Dies ist unser Rat. Er kommt mit guten Absichten. Seid froh, dass ihr Verbündete in der Größeren Gemeinschaft habt, denn ihr werdet Verbündete brauchen.

Ihr betretet ein größeres Universum, voller Kräfte und Einflüsse, über die ihr noch nicht gelernt habt, wie man ihnen entgegenwirkt. Ihr betretet ein größeres Panorama des Lebens. Und ihr müsst euch darauf vorbereiten. Unsere Worte sind nur ein Teil der Vorbereitung. Eine Vorbereitung wird derzeit auf die Welt gesandt. Sie kommt nicht von uns. Sie stammt vom Schöpfer allen Lebens. Sie kommt genau zum richtigen Zeitpunkt. Denn dies ist die Zeit für die Menschheit, um stark und weise zu werden. Ihr habt die Fähigkeit, dies zu schaffen. Und die Ereignisse und Umstände eures Lebens erzeugen ein großes Bedürfnis danach.

Die Herausforderung für die menschliche Freiheit

Die Menschheit nähert sich in ihrer kollektiven Entwicklung einer sehr gefährlichen und sehr wichtigen Zeit. Ihr befindet euch an der Schwelle des Eintritts in eine Größere Gemeinschaft intelligenten Lebens. Ihr werdet anderen Rassen von Wesen begegnen, die auf eure Welt kommen, die ihre Interessen schützen und auskundschaften wollen, welche Gelegenheiten sich ihnen bieten können. Sie sind keine Engel oder engelsgleiche Wesen. Sie sind keine spirituellen Wesenheiten. Sie sind Wesen, die auf eure Welt kommen auf der Suche nach Ressourcen, nach Bündnissen und um sich einen Vorteil in einer aufstrebenden Welt zu verschaffen. Sie sind nicht böse. Sie sind nicht heilig. Insofern sind sie euch sehr ähnlich. Sie werden schlichtweg durch ihre Bedürfnisse, ihre Zusammenschlüsse, ihre Überzeugungen und ihre kollektiven Ziele angetrieben.

Dies ist eine große Zeit für die Menschheit, aber die Menschheit ist nicht vorbereitet. Von unserem Standpunkt aus können wir dies in einem größeren Umfang erkennen. Wir befassen uns nicht mit dem alltäglichen Leben von Individuen auf der Welt. Wir versuchen nicht, Regierungen zu überreden oder Anspruch auf bestimmte Teile der Welt oder bestimmte Ressourcen, die hier existieren, zu erheben. Stattdessen beobachten wir und wir möchten über das berichten, was wir beobachten, denn dies ist unsere Mission, zu der wir hier sind.

Die Unsichtbaren haben uns mitgeteilt, dass es heutzutage viele Menschen gibt, die ein seltsames Unbehagen verspüren, ein Gefühl der vagen Dringlichkeit, ein Gefühl, dass etwas passieren wird und dass etwas getan werden muss. Auch wenn es vielleicht nichts in ihrem täglichen Erfahrungsbereich gibt, das diese tieferen Gefühle rechtfertigt, das die Bedeutung dieser Gefühle bestätigt oder das ihrem Ausdruck Substanz verleiht. Wir können das nachvollziehen, weil wir ähnliche Ereignisse in der Geschichte unserer Welten durchgemacht haben. Wir vertreten in unserem kleinen Bündnis mehrere miteinander verbundene Rassen, um die Entstehung von Kenntnis und Weisheit im Universum zu unterstützen, insbesondere bei Rassen, die sich an der Schwelle des Eintritts in die Größere Gemeinschaft befinden. Diese aufstrebenden Rassen sind besonders anfällig für außerirdische Einflüsse und Manipulation. Sie sind besonders anfällig dafür, ihre Situation falsch zu deuten, und das ist durchaus verständlich, denn wie könnten sie die Bedeutung und die Komplexität des Lebens in der Größeren Gemeinschaft begreifen? Deshalb möchten wir unseren kleinen Teil zur Vorbereitung und Erziehung der Menschheit beitragen.

In unserem ersten Diskurs gaben wir eine umfassende Beschreibung zu den Tätigkeiten der Besucher in vier Handlungsbereichen. Der erste Bereich umfasst die Beeinflussung wichtiger Menschen in Machtpositionen in Regierungen und an der Spitze religiöser Institutionen. Der zweite Bereich der Beeinflussung richtet sich an Menschen, die eine spirituelle Neigung besitzen und die sich für größere Mächte, die im Universum existieren, öffnen wollen. Der dritte Tätigkeitsbereich betrifft die Errichtung von Stützpunkten durch die Besucher auf der Welt an strategisch geeigneten Standorten in der Nähe von Ballungszentren, wo Einfluss auf die mentale Umgebung ausgeübt werden kann. Und schließlich sprachen wir über ihr Kreuzungsprogramm mit der Menschheit, ein Programm, das bereits seit einiger Zeit betrieben wird.

Wir verstehen, wie beunruhigend diese Nachrichten sein können und wie enttäuschend sie möglicherweise auf viele Menschen wirken können, die hohe Erwartungen und Hoffnungen hegten, dass die Besucher aus anderen Welten Segnungen und große Wohltaten für die Menschheit mitbringen würden. Es ist womöglich ganz natürlich, so etwas anzunehmen und zu erwarten, aber die Größere Gemeinschaft, in die die Menschheit derzeit eintritt, ist ein schwieriges und von Konkurrenz geprägtes Umfeld, insbesondere in jenen Bereichen im Universum, in denen viele verschiedene Rassen miteinander konkurrieren und zum Zwecke von Handel und Gewerbe zusammenwirken. Eure Welt befindet sich mitten in einer solchen Region. Das mag für euch unglaublich erscheinen, weil es immer den Anschein gehabt hat, dass ihr in Isolation leben würdet, ganz allein in der weiten Leere des Raumes. Aber in Wirklichkeit lebt ihr in einem bewohnten Teil des Universums, wo Handel und Gewerbe sich etabliert haben und wo Traditionen, Interaktionen und Zusammenschlüsse bereits seit langem vorhanden sind. Und zu eurem Vorteil lebt ihr auf einer schönen Welt–einer Welt großer biologischer Vielfalt, einem herrlichen Ort im Gegensatz zu der Kargheit so vieler anderer Welten.

Doch dies verleiht eurer Situation auch eine große Dringlichkeit und stellt eine echte Gefahr dar, denn ihr besitzt etwas, das viele andere für sich selbst haben wollen. Sie wollen euch nicht vernichten, sondern eure Gefolgschaft und ein Bündnis mit euch haben, damit sich eure Existenz auf der Welt und eure Aktivitäten hier zu ihren Gunsten auswirken können. Ihr tretet in eine reife und komplizierte Konstellation von Umständen ein. Hier könnt ihr nicht wie kleine Kinder sein und glauben und darauf hoffen, dass all jene, denen ihr begegnen könntet, segensreich sind. Ihr müsst weise und urteilsfähig werden, so wie wir durch unsere schwierige Geschichte weise und urteilsfähig werden mussten. Die Menschheit wird jetzt viel über die Größere Gemeinschaft zu lernen haben, über die Feinheiten der Wechselwirkungen zwischen Rassen, über die Komplexitäten des Handels und über die subtilen Manipulationen durch Vereinigungen und Bündnisse, die zwischen Welten errichtet worden sind. Es ist eine schwierige, aber wichtige Zeit für die Menschheit, eine vielversprechende Zeit, falls eine echte Vorbereitung absolviert werden kann.

In diesem unserem zweiten Diskurs möchten wir detaillierter über die Intervention in menschliche Angelegenheiten durch verschiedene Gruppen von Besuchern sprechen, was dies für euch bedeuten kann und was dies erfordern wird. Wir kommen nicht, um Angst zu schüren, sondern um ein Gefühl der Verantwortung zu wecken, um ein größeres Bewusstsein hervorzurufen und um dazu zu ermutigen, euch auf das Leben vorzubereiten, in das ihr derzeit eintretet, ein größeres Leben, aber auch ein Leben mit größeren Problemen und Herausforderungen.

Wir sind durch die spirituelle Macht und Präsenz der Unsichtbaren hierher gesandt worden. Vielleicht werdet ihr sie auf eine angenehme Art und Weise als Engel betrachten, aber in der Größeren Gemeinschaft ist ihre Rolle bedeutender, und ihre Beteiligung, ihre Mitwirkung und ihre Verbindungen sind tief und durchdringend. Ihre spirituelle Macht ist hier, um empfindungsfähige Lebewesen in allen Welten und an allen Orten zu segnen und um die Entwicklung der tieferen Kenntnis und Weisheit zu fördern, die die friedliche Entstehung von Beziehungen ermöglichen, sowohl zwischen Welten als auch innerhalb von Welten. Wir sind hier in ihrem Namen. Sie haben uns aufgefordert, zu kommen. Und sie haben uns viele der Informationen gegeben, die wir haben, Informationen, die wir nicht selbst beschaffen konnten. Von ihnen haben wir sehr viel von eurer Natur gelernt. Wir haben viel über eure Fähigkeiten, eure Stärken, eure Schwächen und eure große Verwundbarkeit erfahren. Wir können so etwas verstehen, denn die Welten, von denen wir stammen, haben diese große Schwelle des Eintritts in die Größere Gemeinschaft überschritten. Wir haben viel gelernt, und wir haben viel unter unseren eigenen Fehlern gelitten, Fehlern, von denen wir hoffen, dass die Menschheit sie vermeiden wird.

Wir kommen also nicht nur mit unseren eigenen Erfahrungen, sondern mit einem tieferen Bewusstsein und einer tieferen Einsicht in den Zweck, der uns von den Unsichtbaren vermittelt worden ist. Wir beobachten eure Welt von einem nahegelegenen Ort, und wir überwachen die Kommunikation derjenigen, die euch besuchen. Wir wissen, wer sie sind. Wir wissen, woher sie kommen und warum sie hier sind. Wir konkurrieren nicht mit ihnen, denn wir sind nicht hier, um die Welt auszubeuten. Wir betrachten uns als die Verbündeten der Menschheit, und wir hoffen, dass ihr uns mit der Zeit als solche betrachten werdet, denn dies sind wir. Und obwohl wir es nicht beweisen können, hoffen wir, euch dies durch unsere Worte und durch die Weisheit unserer Ratschläge zu zeigen. Wir hoffen, euch auf das, was vor euch liegt, vorbereiten zu können. Wir kommen in unserer Mission mit einem Gefühl der Dringlichkeit, denn die Menschheit befindet sich mit ihrer Vorbereitung auf die Größere Gemeinschaft weit in Verzug. Zahlreiche frühere Versuche vor Jahrzehnten, Kontakt mit den Menschen herzustellen und die Menschen auf ihre Zukunft vorzubereiten, erwiesen sich als erfolglos. Nur wenige Menschen konnten erreicht werden, und wie uns mitgeteilt worden ist, wurden viele dieser Kontaktaufnahmen missverstanden und von anderen für verschiedene Zwecke benutzt.

Deshalb sind wir anstelle derer gesandt worden, die vor uns kamen, um der Menschheit Hilfe anzubieten. Wir arbeiten zusammen an unserem gemeinsamen Ziel. Wir vertreten keine große militärische Macht, sondern eher eine geheime und heilige Allianz. Wir wollen nicht, dass die Art von Machenschaften, die in der Größeren Gemeinschaft existieren, hier auf eurer Welt verübt werden. Wir wollen nicht, dass die Menschheit zu einem Vasallenstaat eines größeren Netzwerks von Mächten wird. Wir wollen nicht, dass die Menschheit ihre Freiheit und ihre Selbstbestimmung verliert. Dies sind reale Risiken. Aus diesem Grund ermutigen wir euch, über unsere Worte tief nachzudenken, ohne Angst, falls das möglich ist, und mit derjenigen Überzeugung und Entschlossenheit, von der wir glauben, dass sie in allen menschlichen Herzen weilt.

Heute und morgen und am Tag danach werden große Maßnahmen unternommen, um ein Netzwerk der Einflussnahme auf die menschliche Rasse seitens jener aufzubauen, die die Welt zur Verfolgung ihrer eigenen Zwecke besuchen. Sie glauben, sie seien hierher gekommen, um die Welt vor der Menschheit zu retten. Einige glauben sogar, dass sie hier sind, um die Menschheit vor sich selbst zu retten. Sie glauben, dass sie im Recht sind und betrachten ihre Handlungen nicht als unangemessen oder unethisch. Nach ihrem ethischen Verständnis tun sie das, was als vernünftig und notwendig erachtet wird. Doch für alle freiheitsliebenden Wesen kann eine solche Herangehensweise nicht gerechtfertigt sein.

Wir beobachten die Aktivitäten der Besucher, die laufend zunehmen. Von Jahr zu Jahr gibt es mehr von ihnen hier. Sie kommen von weit her. Sie bringen Nachschub. Sie vertiefen ihr Engagement und ihre Beteiligung. Sie errichten Kommunikationsstationen an vielen Orten in eurem Sonnensystem. Sie beobachten jeden eurer frühen Vorstöße in den Weltraum, und sie werden alles verhindern und zerstören, was nach ihrer Auffassung ihre Aktivitäten stören wird. Sie versuchen, nicht nur die

Kontrolle über eure Welt, sondern auch über die gesamte Region um eure Welt herum zu erlangen. Dies liegt daran, dass es hier miteinander konkurrierende Mächte gibt. Jede vertritt ein Bündnis verschiedener Rassen.

Jetzt lasst uns auf den letzten der vier Handlungsbereiche eingehen, über den wir in unserem ersten Diskurs gesprochen haben. Dieser betrifft die Kreuzung der Besucher mit der menschlichen Spezies. Lasst uns zunächst den geschichtlichen Hintergrund etwas beleuchten. Vor vielen Tausenden von Jahren nach eurer Zeitrechnung kamen mehrere Rassen, um sich mit der Menschheit zu kreuzen, um der Menschheit eine größere Intelligenz und Anpassungsfähigkeit zu verleihen. Dies führte zu dem ziemlich plötzlichen Auftauchen dessen, was unserem Verständnis nach als der "Moderne Mensch" bezeichnet wird. Dies hat euch die Herrschaft und Macht über eure Welt verliehen. Dies geschah vor langer Zeit.

Allerdings ist das Kreuzungsprogramm, das jetzt durchgeführt wird, etwas vollkommen anderes. Es wird von einer anderen Gruppe von Wesen und von anderen Bündnissen durchgeführt. Durch Kreuzungen versuchen sie, ein menschliches Wesen zu erschaffen, das Teil ihrer Vereinigung sein wird und das dennoch auf eurer Welt überleben kann und das eine natürliche Verbindung zur Welt besitzen kann. Eure Besucher können nicht auf der Oberfläche eurer Welt leben. Sie müssen entweder Schutz im Untergrund suchen, was sie gegenwärtig tun, oder sie müssen an Bord ihrer eigenen Raumschiffe leben, die sie oft in großen Gewässern versteckt halten. Sie wollen sich mit den Menschen kreuzen, um ihre Interessen hier zu wahren, die vor allem die

Ressourcen eurer Welt betreffen. Sie wollen sich die menschliche Gefolgschaft sichern und betreiben daher seit mehreren Generationen ein Kreuzungsprogramm, das in den vergangenen zwanzig Jahren sehr umfangreich geworden ist.

Sie verfolgen zwei Zwecke. Zunächst wollen die Besucher, wie wir bereits erwähnt haben, ein menschenähnliches Wesen erschaffen, das auf eurer Welt leben kann, das jedoch ihnen ergeben sein wird und größere Sensibilität und Fähigkeiten besitzen wird. Der zweite Zweck dieses Programms besteht darin, all diejenigen, die ihnen begegnen, zu beeinflussen und Menschen dazu zu bringen, sie bei ihren Unternehmungen zu unterstützen. Die Besucher wollen und brauchen menschliche Unterstützung. Dies fördert ihr Programm in jeder Hinsicht. Sie betrachten euch als wertvoll. Allerdings betrachten sie euch nicht als ebenbürtig oder gleichwertig. Nützlich, so werdet ihr wahrgenommen. Die Besucher werden daher versuchen, jedem, dem sie begegnen, jedem, den sie entführen, dieses Gefühl für ihre Überlegenheit, für ihren Wert und für den Wert und die Bedeutung ihrer Bemühungen in der Welt zu vermitteln. Die Besucher werden allen, die sie kontaktieren, erzählen, dass sie für das Gute hier sind, und sie werden jenen, die sie entführt haben, versichern, dass sie keine Angst zu haben brauchen. Und mit jenen, die besonders empfänglich zu sein scheinen, werden sie versuchen, Bündnisse zu schließen–ein gemeinsames Gefühl des Zwecks, sogar ein gemeinsames Gefühl von Identität und Familie, Erbe und Bestimmung.

Die Besucher haben in ihrem Programm die menschliche Physiologie und Psychologie sehr umfassend erforscht und sie werden Nutzen aus dem ziehen, was die Menschen wollen, vor allem aus dem, was die Menschen wollen, aber nicht selbst erreichen konnten, wie Frieden und Ordnung, Schönheit und Ruhe. Dies wird angeboten werden und einige Menschen werden daran glauben. Andere werden einfach nach Bedarf benutzt werden.

Hierbei ist es erforderlich, zu begreifen, dass die Besucher glauben, dass dies völlig angemessen ist, um die Welt zu bewahren. Sie glauben, dass sie der Menschheit einen großen Dienst erweisen, und daher sind sie bei ihrer Beeinflussung aufrichtig. Leider demonstriert dies eine große Tatsache über die Größere Gemeinschaft–dass wahre Weisheit und wahre Kenntnis im Universum ebenso selten sind, wie sie es auch auf eurer Welt wohl sein müssen. Es ist vollkommen natürlich, dass ihr hofft und erwartet, dass andere Rassen der Arglist, egoistischen Bestrebungen, Konkurrenzdenken und Konflikten entwachsen sind. Aber leider ist dies nicht der Fall. Eine größere Technologie erhöht nicht die mentale und spirituelle Stärke des Individuums.

Gegenwärtig gibt es viele Menschen, die gegen ihren Willen wiederholt entführt werden. Da die Menschheit sehr abergläubisch ist und versucht, Dinge, die sie nicht verstehen kann, zu leugnen, wird diese bedauerliche Aktivität mit großem Erfolg fortgesetzt. Bereits jetzt gibt es hybride Individuen, teils menschlich, teils außerirdisch, die sich auf eurer Welt befinden. Es gibt nicht viele von ihnen, aber ihre Zahl wird in Zukunft steigen. Vielleicht werdet ihr eines Tages einem davon begegnen. Sie werden aussehen wie ihr, aber sie werden anders sein. Ihr werdet glauben, dass sie menschliche Wesen sind, aber etwas Wesentliches in ihnen wird scheinbar fehlen, etwas, das auf eurer Welt sehr geschätzt wird. Es ist möglich, dass man diese Individuen erkennen und identifizieren kann, aber um dies zu tun, müsstet ihr in der mentalen Umgebung bewandert sein und lernen, was Kenntnis und Weisheit in der Größeren Gemeinschaft bedeuten.

Wir glauben, dass es von allergrößter Bedeutung ist, dies zu lernen, denn wir sehen von unserem Beobachtungspunkt aus alles, was sich auf eurer Welt ereignet, und die Unsichtbaren beraten uns über diejenigen Dinge, die wir selbst nicht sehen oder zu denen wir keinen Zugang erlangen können. Wir verstehen diese Ereignisse, denn sie haben sich bereits unzählige Male in der Größeren Gemeinschaft ereignet, immer wenn Kräfte der Beeinflussung und der Überredung auf Rassen ausgeübt werden, die entweder zu schwach oder zu verwundbar sind, um dem wirksam begegnen zu können.

Wir hoffen und vertrauen darauf, dass niemand von euch, der diese Botschaft hören kann, glauben wird, dass diese Eingriffe in das menschliche Leben von Vorteil sind. Diejenigen, die davon betroffen sind, werden beeinflusst werden, damit sie denken, dass diese Kontakte sowohl für sie selbst als auch für die Welt von Nutzen sind. Die spirituellen Hoffnungen der Menschen, ihr Wunsch nach Frieden und Harmonie, Familie und Einbeziehung werden von den Besuchern gezielt angesprochen werden. Diese Dinge, die etwas ganz Besonderes der menschlichen Familie darstellen, sind ohne Weisheit und Vorbereitung Zeichen eurer großen Verwundbarkeit. Nur diejenigen Individuen, die über eine ausgeprägte Kenntnis und Weisheit verfügen, könnten die Täuschung hinter diesen Überredungstaktiken erkennen. Nur sie sind in der Lage, die Täuschung, die auf die menschliche Familie ausgeübt wird, zu erkennen. Nur sie können ihren Verstand vor dem Einfluss schützen, der gegenwärtig in der mentalen Umgebung an so vielen Orten auf der Welt ausgeübt wird. Nur sie werden sehen und wissen.

Unsere Worte werden nicht ausreichen. Männer und Frauen müssen lernen, zu sehen und zu wissen. Wir können hierzu nur aufrufen. Unsere Reise hierher zu eurer Welt erfolgte in Übereinstimmung mit der Präsentation der Lehre über die Spiritualität der Größeren Gemeinschaft, denn diese Vorbereitung befindet sich jetzt hier und aus diesem Grund können wir eine Quelle der Ermutigung sein. Wenn die Vorbereitung nicht hier wäre, würden wir wissen, dass unsere Ermahnungen und unsere Ermutigung nicht geeignet und nicht erfolgreich wären. Der Schöpfer und die Unsichtbaren wollen die Menschheit auf die Größere Gemeinschaft vorbereiten. Dies stellt in der Tat das dringendste Bedürfnis der Menschheit zu diesem Zeitpunkt dar.

Wir möchten euch daher ermutigen, nicht dem Glauben zu verfallen, dass die Entführung von Menschen, ihrer Kinder und ihrer Familien irgendeinen Nutzen für die Menschheit hat. Wir müssen dies betonen. Eure Freiheit ist kostbar. Eure individuelle Freiheit und eure Freiheit als Rasse sind kostbar. Es hat so lange gedauert, bis wir unsere Freiheit wiedererlangt haben. Wir wollen nicht mitansehen, wie ihr eure verliert.

Das Kreuzungsprogramm, das auf der Welt durchgeführt wird, wird fortgesetzt werden. Es kann nur gestoppt werden, indem die Menschen ein größeres Bewusstsein und ein Gefühl der inneren Autorität erlangen. Nur so kann diesen Eingriffen ein Ende gesetzt werden. Nur so wird die dahinter liegende Täuschung aufgedeckt werden. Es fällt uns schwer, uns vorzustellen, wie schrecklich dies für euch Menschen sein muss, für jene Männer und Frauen, für die Kleinen, die dieser Behandlung, dieser Umerziehung, dieser Pazifizierung unterzogen werden. Gemessen an unseren Werten erscheint dies abscheulich, und doch wissen wir, dass diese Dinge in der Größeren Gemeinschaft geschehen und seit jeher geschehen sind.

Vielleicht werden unsere Worte nur noch mehr Fragen aufwerfen. Das ist natürlich und vernünftig, aber wir können nicht alle eure Fragen beantworten. Ihr müsst die Mittel finden, um die Antworten selbst zu finden. Aber ihr könnt dies nicht ohne eine Vorbereitung schaffen, und ihr könnt dies nicht ohne Orientierung schaffen. Wir erkennen, dass die Menschheit als Ganzes derzeit nicht in der Lage ist, zwischen einer Erscheinung der Größeren Gemeinschaft und einer spirituellen Manifestation zu unterscheiden. Das macht die Situation wirklich schwierig, weil eure Besucher Bilder projizieren können, sie können zu Menschen auf der Ebene der mentalen Umgebung sprechen und ihre Stimmen können von Menschen empfangen und durch sie ausgedrückt werden. Sie können diese Art von Einfluss ausüben, weil die Menschheit noch nicht selbst über diese Art von Fähigkeit oder Urteilsvermögen verfügt.

Die Menschheit ist nicht vereint. Sie ist zersplittert. Sie ist mit sich selbst zerstritten. Das macht euch extrem anfällig für außerirdische Einmischung und Manipulation. Eure Besucher erkennen, dass eure spirituellen Wünsche und Neigungen euch besonders verwundbar machen und euch zu brauchbaren Subjekten machen, die sie verwenden können. Wie schwierig ist es doch, wahre Objektivität über diese Dinge zu erlangen. Selbst dort, wo wir herkommen, ist dies eine große Herausforderung gewesen. Aber diejenigen, die frei bleiben und ihre Selbstbestimmung in der Größeren Gemeinschaft ausüben wollen, müssen diese Fähigkeiten entwickeln und sie müssen ihre eigenen Ressourcen schonen, um zu vermeiden, dass sie sie von anderen beziehen müssen. Wenn eure Welt ihre Autarkie verliert, wird sie viel von ihrer Freiheit verlieren. Wenn ihr jenseits eurer Welt reisen müsst, um die Ressourcen zu erwerben, die ihr zum Leben braucht, dann werdet ihr viel von eurer Macht an andere verlieren. Dass die Ressourcen eurer Welt rapide zur Neige gehen, bereitet uns, die wir dies aus der Ferne beobachten, große Sorge. Es bereitet auch euren Besuchern Sorge, denn sie wollen die Zerstörung eurer Umwelt verhindern, nicht um euretwillen, sondern für sich selbst.

Das Kreuzungsprogramm verfolgt nur einen Zweck, und zwar den, die Besucher in die Lage zu versetzen, präsent zu sein und einen dominierenden Einfluss auf der Welt zu etablieren. Glaubt nicht, dass den Besuchern irgendetwas fehlt, das sie von euch benötigen, außer euren Ressourcen. Glaubt nicht, dass sie eure Menschlichkeit brauchen. Sie wollen eure Menschlichkeit nur insoweit, um ihre Position auf der Welt sicherzustellen. Fühlt euch nicht geschmeichelt. Hängt solchen Gedanken nicht nach. Sie entbehren jeder Grundlage. Wenn ihr lernen könnt, die Situation klar zu sehen, so wie sie wirklich ist, dann werdet ihr so etwas selbst erkennen und wissen. Ihr werdet verstehen, warum wir hier sind und warum die Menschheit in einer Größeren Gemeinschaft intelligenten Lebens Verbündete braucht. Und ihr werdet erkennen, wie wichtig es ist, eine größere Kenntnis und Weisheit zu erlernen und von der Spiritualität der Größeren Gemeinschaft zu erfahren.

Da ihr in eine Umgebung aufstrebt, in der diese Dinge für Erfolg, für Freiheit, für Glück und für Stärke entscheidend sind, werdet ihr eine größere Kenntnis und Weisheit benötigen, um euch als unabhängige Rasse in der Größeren Gemeinschaft behaupten zu können. Allerdings verliert ihr mit jedem Tag mehr eure Unabhängigkeit. Und ihr könnt den Verlust eurer Freiheit nicht erkennen, obwohl ihr dies vielleicht auf irgendeine Weise spüren könnt. Wie könntet ihr dies auch erkennen? Ihr könnt nicht aus eurer Welt heraustreten und Zeuge der Ereignisse sein, die euch umgeben. Ihr habt keinen Zugang zu den politischen und wirtschaftlichen Verflechtungen der außerirdischen Mächte, die heute auf der Welt tätig sind, um ihre Komplexität, ihre Ethik oder ihre Werte begreifen zu können.

Glaubt niemals, dass irgendeine Rasse im Universum, die reist, um Handel zu betreiben, spirituell fortgeschritten ist. Diejenigen, die Handel betreiben wollen, streben nach Vorteilen. Diejenigen, die von Welt zu Welt reisen, diejenigen, die Ressourcensucher sind, diejenigen, die ihre eigenen Fahnen aufstellen wollen, sind nicht das, was ihr als spirituell fortgeschritten betrachten würdet. Wir betrachten sie nicht als spirituell fortgeschritten. Es gibt weltliche Macht und es gibt spirituelle Macht. Ihr könnt den Unterschied zwischen diesen Dingen verstehen, und jetzt ist es notwendig, diesen Unterschied in einer größeren Umgebung zu erkennen.

Wir kommen daher mit einem Gefühl der Verpflichtung und einer starken Ermutigung, damit ihr eure Freiheit bewahrt, stark und urteilsfähig werdet und nicht den Überredungskünsten oder den Versprechen von Frieden, Macht und Einbeziehung derjenigen erliegt, die ihr nicht kennt. Und lasst euch nicht mit dem Gedanken trösten, dass für die Menschheit oder sogar für euch persönlich alles irgendwie gut ausgehen wird, denn so etwas ist keine Weisheit. Denn die Weisen überall müssen lernen, die Realität des Lebens um sie herum wahrzunehmen und lernen, dieses Leben in einer nutzbringenden Art und Weise zu bewältigen.

Empfangt daher unsere Ermutigung. Wir werden wieder über diese Angelegenheiten sprechen und zeigen, wie wichtig es ist, Urteilsvermögen und Diskretion zu entwickeln. Und wir werden mehr über die Einmischung der Besucher auf der Welt in Bereichen berichten, die ihr unbedingt verstehen müsst. Wir hoffen, dass ihr unsere Worte empfangen könnt.

Eine große Warnung

Wir sind sehr darauf bedacht gewesen, euch mehr über die Angelegenheiten eurer Welt mitzuteilen und euch nach Möglichkeit dabei zu helfen, das zu erkennen, was wir von unserem Beobachtungspunkt aus sehen können. Wir wissen, dass es schwierig ist, dies aufzunehmen, und dass es erhebliche Angst und Sorge hervorrufen wird, aber ihr müsst informiert werden.

Die Situation ist aus unserer Sicht sehr ernst und wir denken, dass es ein enormes Unglück wäre, wenn die Menschen nicht zutreffend informiert würden. Es gibt so viel Täuschung auf der Welt, auf der ihr lebt, und auch auf vielen anderen Welten, dass die Wahrheit, obwohl erkennbar und deutlich, unbemerkt bleibt und ihre Zeichen und Botschaften unentdeckt bleiben. Wir hoffen deshalb, dass unsere Anwesenheit dazu beitragen kann, das Bild zu klären und euch und anderen dabei helfen kann, das zu sehen, was wirklich vorhanden ist. Unser Wahrnehmungsvermögen ist nicht beeinträchtigt, denn wir wurden gesandt, um Zeugen eben derjenigen Ereignisse zu sein, die wir beschreiben.

Im Laufe der Zeit würdet ihr vielleicht in der Lage sein, so etwas selbst zu erkennen, aber ihr habt diese Zeit nicht. Die Zeit ist jetzt knapp. Die Vorbereitung der Menschheit auf das Erscheinen von Kräften aus der Größeren Gemeinschaft ist stark in Verzug geraten. Viele wichtige Personen haben nicht reagiert. Und das Eindringen in die Welt hat sich erheblich schneller beschleunigt, als ursprünglich für möglich gehalten wurde.

Wir kommen mit nur wenig verfügbarer Zeit und dennoch kommen wir mit der Ermutigung zu euch, diese Informationen untereinander weiterzugeben. Wie wir in unseren vorherigen Botschaften gezeigt haben, wird die Welt derzeit unterwandert und die mentale Umgebung konditioniert und vorbereitet. Die Menschen sollen nicht ausgelöscht werden, sondern sie sollen nutzbringend eingesetzt werden, sie sollen zu Arbeitern für ein größeres "Kollektiv" gemacht werden. Die Institutionen der Welt und mit Sicherheit auch die natürliche Umwelt werden sehr geschätzt und es ist das vorrangige Ziel der Besucher, diese für ihre Nutzung zu bewahren. Sie können hier nicht leben und um deshalb eure Gefolgschaft zu erlangen, werden sie viele der Techniken anwenden, die wir beschrieben haben. Wir werden dies in unserer Beschreibung weiterhin aufklären.

Unsere Ankunft wurde durch mehrere Faktoren behindert, nicht zuletzt durch die mangelnde Bereitschaft derjenigen, die wir direkt erreichen müssen. Unser Sprecher, der Autor dieses Buches, ist der einzige, mit dem wir einen festen Kontakt herstellen konnten, daher müssen wir unserem Sprecher die grundlegenden Informationen übermitteln.

Wie wir erfahren haben, werden die Vereinigten Staaten aus Sicht eurer Besucher als Führer der Welt betrachtet, und daher liegt dort das größte Augenmerk. Aber auch andere führende Nationen werden kontaktiert werden, denn es wird erkannt, dass sie Macht besitzen und Macht wird von den Besuchern verstanden, denn sie folgen dem Diktat der Macht, ohne Fragen zu stellen und in einem viel größeren Umfang, als es sogar auf eurer Welt der Fall ist.

Versuche werden unternommen, die Führer der stärksten Nationen zu überreden, offen gegenüber der Anwesenheit der Besucher zu sein und Geschenke und Anreize für eine Kooperation anzunehmen, indem ein gegenseitiger Nutzen in Aussicht gestellt wird und einigen sogar die Weltherrschaft versprochen wird. Es wird auf der Welt solche in den Korridoren der Macht geben, die diesen Anreizen verfallen, denn sie werden glauben, dass sich hier eine große Chance für die Menschheit bietet, den Schrecken eines Atomkriegs zu überwinden und zu einer neuen Gemeinschaft auf Erden zu gelangen, einer Gemeinschaft, die sie in Richtung ihrer eigenen Ziele anführen werden. Doch diese Führer werden getäuscht, denn ihnen werden die Schlüssel zu diesem Reich nicht gegeben werden. Sie werden lediglich die Vermittler beim Übergang der Macht sein.

Ihr müsst dies begreifen. Es ist nicht sonderlich kompliziert. Aus unserer Sicht und von unserem Beobachtungspunkt aus ist dies offensichtlich. Wir haben gesehen, wie dies anderenorts geschehen ist. Darin liegt eine der Möglichkeiten, wie etablierte Organisationen von Rassen, die ihre eigenen Kollektive unterhalten, aufstrebende Welten wie die eure für sich einnehmen. Sie glauben fest daran, dass ihr Vorhaben tugendhaft ist und der Verbesserung eurer Welt dient, denn die Menschheit wird nicht sehr geachtet, und obwohl ihr in gewisser Weise tugendhaft seid, sind aus deren Perspektive eure Schwächen bei weitem stärker als euer Potenzial. Wir teilen diese Ansicht nicht, denn dann befänden wir uns nicht in der Position, in der wir sind und wir würden euch nicht unsere Dienste als Verbündete der Menschheit anbieten.

Daher gibt es derzeit eine große Schwierigkeit hinsichtlich eures Urteilsvermögens, eine große Herausforderung. Die Herausforderung für die Menschheit besteht darin, zu erkennen, wer ihre Verbündeten wirklich sind, und zwischen ihnen und ihren potenziellen Gegnern unterscheiden zu können. Es gibt keine neutralen Parteien in dieser Angelegenheit. Die Welt ist viel zu wertvoll, ihre Ressourcen werden als einzigartig und von beträchtlichem Wert erachtet. Keine der Parteien, die derzeit in menschliche Angelegenheiten verwickelt sind, ist neutral. Das wahre Wesen der außerirdischen Intervention besteht darin, Einfluss und Kontrolle auszuüben und schließlich hier die Herrschaft zu erlangen.

Wir sind nicht die Besucher. Wir sind Beobachter. Wir erheben keine Ansprüche auf eure Welt und wir verfolgen keinen Plan, uns hier festzusetzen. Aus diesem Grund sind unsere Namen geheim, denn wir streben keine Beziehungen mit euch an, außer durch unsere Fähigkeit, unseren Rat auf diese Weise zu geben. Wir können das Ergebnis nicht beeinflussen. Wir können euch nur bei den Wahlmöglichkeiten und Entscheidungen beraten, die eure Menschen im Lichte dieser größeren Ereignisse treffen müssen.

Die Menschheit zeigt sich vielversprechend und hat ein reiches spirituelles Erbe kultiviert, aber ihr fehlt die Erziehung über die Größere Gemeinschaft, in die sie eintritt. Die Menschheit ist geteilt und in sich zerstritten, wodurch sie anfällig für Manipulation und Eingriffe von jenseits eurer Grenzen wird. Eure Völker sind mit alltäglichen Angelegenheiten beschäftigt, aber die Realität von morgen wird nicht erkannt. Welchen Nutzen könntet ihr denn überhaupt erlangen, indem ihr die größere Bewegung der Welt ignoriert und annehmt, dass die Intervention, die heute stattfindet, zu euren Gunsten geschieht? Sicherlich gibt es nicht einen unter euch, der dies behaupten könnte, wenn ihr nur die Realität der Lage erkennen könntet.

In gewisser Weise ist es eine Frage der Perspektive. Wir können sehen und ihr könnt es nicht, denn ihr befindet euch nicht in unserer Beobachtungposition. Ihr müsstet euch jenseits eurer Welt aufhalten, außerhalb der Einflusssphäre eurer Welt, um das zu sehen, was wir sehen. Und dennoch, um das sehen zu können, was wir sehen, müssen wir verborgen bleiben, denn wenn wir entdeckt würden, wäre das mit Sicherheit unser Ende. Denn für eure Besucher hat ihre Mission hier den größten Wert und sie betrachten die Erde, neben mehreren anderen, als eines ihrer aussichtsreichsten Vorhaben. Sie werden nicht wegen uns aufhören. Es geht daher um eure eigene Freiheit, die ihr wertschätzen und verteidigen müsst. Wir können dies nicht für euch tun.

Jede Welt, die versucht, ihre eigene Einheit, Freiheit und Selbstbestimmung in der Größeren Gemeinschaft zu behaupten, muss diese Freiheit errichten und sie, falls nötig, verteidigen. Andernfalls wird eine Fremdherrschaft ganz sicher errichtet werden und sie wird umfassend sein.

Warum eure Besucher eure Welt haben wollen? Das liegt auf der Hand. Es seid nicht ihr, an denen sie besonders interessiert sind. Es sind die biologischen Ressourcen eurer Welt. Es ist die strategische Lage dieses Sonnensystems. Ihr seid für sie nur insoweit nützlich, wie all dies geschätzt und für sie nutzbar gemacht werden kann. Sie werden euch das anbieten, was ihr haben wollt und sie werden das erzählen, was ihr hören wollt. Sie werden Anreize anbieten und sie werden eure Religionen und eure religiösen Ideale ausnutzen, um die Zuversicht und den Glauben zu fördern, dass sie, mehr noch als ihr selbst, die Bedürfnisse eurer Welt verstehen und in der Lage sein werden, diese Bedürfnisse zu erfüllen, um euch ruhig zu halten. Da die Menschheit nicht fähig zu sein scheint, Einheit und Ordnung zustande zu bringen, werden viele Menschen ihren Verstand und ihr Herz jenen öffnen, die nach ihrer Auffassung eher imstande sind, dies zu erreichen.

In unserem zweiten Diskurs sprachen wir kurz über das Kreuzungsprogramm. Einige haben von diesem Phänomen gehört, und wir wissen, dass es Diskussionen darüber gegeben hat. Die Unsichtbaren haben uns mitgeteilt, dass es ein wachsendes Bewusstsein darüber gibt, dass ein solches Programm existiert, aber erstaunlicherweise können die Menschen die offensichtlichen Folgen nicht erkennen, da sie so sehr an ihren bevorzugten Vorstellungen in dieser Angelegenheit festhalten und so unzureichend imstande sind, mit dem, was eine solche Intervention bedeuten könnte, umzugehen. Offensichtlich ist ein Kreuzungsprogramm ein Versuch, die Anpassung der Menschheit an die physische Welt mit einheitlichem Denken und dem kollektiven Bewusstsein der Besucher zu verschmelzen. Derartige Abkömmlinge befänden sich in einer perfekten Position, die neue Führungselite der Menschheit zu bilden, eine Führung, die den Absichten der Besucher und ihrem Feldzug verpflichtet ist. Diese Individuen würden Blutsbeziehungen auf der Welt besitzen und daher wären andere mit ihnen verwandt und würden ihre Anwesenheit akzeptieren. Und doch wären sie weder mit ihrem Verstand noch mit ihren Herzen bei euch. Und obwohl sie Mitgefühl für euch in eurem Zustand und für das, zu dem sich euer Zustand entwickeln könnte, empfinden können, hätten sie aufgrund ihrer fehlenden Schulung im Weg der Kenntnis und der Einsicht nicht die individuelle Autorität, euch zu unterstützen oder dem kollektiven Bewusstsein zu widerstehen, das sie hier gefördert und ihnen das Leben verliehen hat.

Wie ihr seht, wird individuelle Freiheit von den Besuchern nicht geschätzt. Sie halten sie für unbesonnen und unverantwortlich. Sie verstehen nur ihr eigenes kollektives Bewusstsein, das sie als privilegiert und gesegnet betrachten. Dennoch haben sie keinen Zugang zu wahrer Spiritualität, die im Universum Kenntnis genannt wird, denn Kenntnis entstammt der Selbsterkenntnis des Individuums und wird durch Beziehungen einer höheren Qualität hervorgerufen. Keines dieser Phänomene ist in der sozialen Veranlagung der Besucher vorhanden. Sie können nicht für sich selbst denken. Ihr Wille gehört nicht ihnen allein. Und daher können sie die Aussicht auf die Entwicklung dieser beiden großen Errungenschaften auf eurer Welt naturgegeben nicht gutheißen, und sie sind mit Sicherheit nicht in der Lage, so etwas zu unterstützen. Sie streben lediglich Konformität und Gefolgschaft an. Und die spirituellen Lehren, die sie auf der Welt fördern werden, werden nur dazu dienen, Menschen gefügig, offen und ahnungslos zu machen, um ein Vertrauen zu erhalten, das niemals verdient worden ist.

Wir haben diese Dinge zuvor an anderen Orten gesehen. Wir haben gesehen, wie ganze Welten unter die Kontrolle solcher Kollektive gefallen sind. Es gibt viele solcher Kollektive im Universum. Da solche Kollektive interplanetaren Handel treiben und sich über weite Gebiete erstrecken, halten sie eine strenge Konformität ohne Abweichung ein. Es gibt keine Individualität unter ihnen, zumindest nicht in irgendeiner Weise, die ihr erkennen könntet.

Wir sind nicht sicher, ob wir ein Beispiel auf eurer eigenen Welt finden können, wie dies sein könnte, aber uns wurde mitgeteilt, dass es kommerzielle Interessen gibt, die sich auf eurer Welt über Kulturen hinweg erstrecken, die enorme Macht ausüben und die doch nur von wenigen beherrscht werden. Dies mag vielleicht eine gute Analogie dafür sein, was wir beschreiben. Aber was wir beschreiben, ist so viel mächtiger, umfassender und stärker etabliert als alles, was auf der Welt als gutes Beispiel dienen könnte.

Es trifft überall auf intelligentes Leben zu, dass Angst eine zerstörerische Kraft sein kann. Doch Angst dient einzig und allein einem Zweck, wenn sie richtig wahrgenommen wird, und dieser besteht darin, euch vor dem Vorhandensein einer Gefahr zu warnen. Wir sind besorgt und das ist das Wesen unserer Angst. Wir verstehen, was auf dem Spiel steht. Das ist das Wesen unserer

Besorgnis. Eure Angst rührt daher, dass ihr nicht wisst, was geschieht, daher ist es eine zerstörerische Angst. Es ist eine Angst, die euch keine Stärke verleihen kann und euch nicht die Erkenntnis vermitteln kann, dass ihr begreifen müsst, was auf eurer Welt vor sich geht.

Wenn ihr euch informieren könnt, dann wird Angst in Sorge umgewandelt und Sorge wird in konstruktives Handeln umgewandelt. Wir können dies nicht anders beschreiben.

Das Kreuzungsprogramm entwickelt sich sehr erfolgreich. Schon jetzt gibt es solche, die auf eurer Erde wandeln und in dem Bewusstsein und den kollektiven Bestrebungen der Besucher verankert sind. Sie können sich hier nicht für lange Zeit aufhalten, aber innerhalb von nur wenigen Jahren werden sie in der Lage sein, dauerhaft auf der Oberfläche eurer Welt zu leben. Ihre gentechnische Bauweise wird derart perfektioniert sein, dass sie sich äußerlich nur geringfügig von euch unterscheiden werden, mehr in ihrem Verhalten und in ihrem Auftreten als in ihrer körperlichen Erscheinung, sodass sie wahrscheinlich unbemerkt und unerkannt bleiben werden. Allerdings werden sie größere mentale Fähigkeiten besitzen. Und dies wird ihnen einen Vorteil verschaffen, dem ihr nichts entgegensetzen könnt, wenn ihr nicht im Weg der Einsicht geschult worden seid.

Dies ist die größere Realität, in die die Menschheit eintritt–ein Universum voller Wunder und Schrecken, ein Universum der Beeinflussung, ein Universum der Konkurrenz, aber auch ein Universum voller Gnade, ähnlich wie eure eigene Welt, aber unendlich viel größer. Der Himmel, den ihr sucht, ist nicht hier. Aber die Kräfte, mit denen ihr zurechtkommen müsst, sind es. Dies ist die größte Hürde, mit der eure Rasse jemals konfrontiert sein wird. Jeder aus unserer Gruppe war auf unseren jeweils eigenen Welten hiermit konfrontiert, und es gab sehr viel Misserfolg und nur wenig Erfolg. Rassen von Wesen, die ihre Freiheit und ihre Isolierung aufrechterhalten können, müssen stark und vereint werden und um diese Freiheit zu schützen, werden sie sich wahrscheinlich aus Aktivitäten mit der Größeren Gemeinschaft zurückziehen.

Wenn ihr über diese Dinge nachdenkt, werdet ihr möglicherweise die Begleiterscheinungen auf eurer eigenen Welt erkennen. Die Unsichtbaren haben uns viel über eure spirituelle Entwicklung und eure große Verheißung mitgeteilt, aber sie haben uns auch darüber beraten, dass eure spirituellen Veranlagungen und Ideale derzeit stark manipuliert werden. Es gibt ganze Lehren, die jetzt auf der Welt eingeführt werden, die menschliche Duldsamkeit und die Aufhebung kritischer Fähigkeiten lehren und die nur das wertschätzen, was angenehm und bequem ist. Diese Lehren werden dargeboten, um die Fähigkeit der Menschen, Kenntnis in sich selbst zu erlangen, außer Kraft zu setzen, bis die Menschen einen Punkt erreichen, an dem sie das Gefühl haben, völlig abhängig von größeren Kräften zu sein, die sie nicht identifizieren können. An diesem Punkt werden sie allem folgen, was ihnen aufgetragen wird, und selbst wenn sie spüren, dass etwas falsch ist, werden sie nicht mehr die Kraft aufbringen, zu widerstehen.

Die Menschheit hat lange Zeit in Isolation gelebt. Vielleicht wird deshalb angenommen, dass eine solche Intervention unmöglich stattfinden kann und dass jede Person Rechte an ihrem eigenen Bewusstsein und Verstand besitzt. Aber das sind nur

Vermutungen. Doch uns wurde mitgeteilt, dass die Weisen auf eurer Welt gelernt haben, diese Annahmen zu überwinden, und die Kraft erlangt haben, ihre eigene mentale Umgebung zu erzeugen.

Wir befürchten, dass unsere Worte vielleicht zu spät kommen und zu wenig Wirkung zeigen, und dass der, den wir ausgewählt haben, uns zu empfangen, zu wenig Hilfe und Unterstützung erhält, um diese Informationen zu verbreiten. Er wird Ablehnung und Spott begegnen, weil ihm nicht geglaubt werden wird, und das, worüber er sprechen wird, wird dem widersprechen, was viele für wahr halten. Diejenigen, die den außerirdischen Überredungsmaßnahmen erlegen sind, werden ihn ganz besonders bekämpfen, denn sie haben in dieser Angelegenheit keine andere Wahl.

In diese ernste Situation hat der Schöpfer allen Lebens eine Vorbereitung, eine Lehre der spirituellen Fähigkeit und des Urteilsvermögens, der Kraft und der Errungenschaft gesandt. Wir sind Schüler einer solchen Lehre, wie so viele im ganzen Universum. Diese Lehre ist eine Form Göttlicher Intervention. Sie gehört nicht nur einer Welt. Sie ist nicht das Eigentum nur einer Rasse. Hierbei geht es nicht um irgendeinen Helden oder eine Heldin, irgendein Individuum. Eine solche Vorbereitung ist jetzt verfügbar. Sie wird notwendig sein. Aus unserer Sicht ist sie das einzige, das der Menschheit derzeit eine Gelegenheit verschaffen kann, weise und urteilsfähig im Hinblick auf euer neues Leben in der Größeren Gemeinschaft zu werden.

Wie in eurer eigenen Geschichte auf eurer Welt bereits vorgekommen, sind die ersten, die neue Territorien erreichen, Forscher und Eroberer. Sie kommen nicht aus altruistischen Gründen. Sie kommen auf der Suche nach Macht, Ressourcen und Herrschaft. Dies ist die Natur des Lebens. Wenn die Menschheit mit den Angelegenheiten in der Größeren Gemeinschaft vertraut wäre, würdet ihr jegliche Visitation eurer Welt ablehnen, solange kein gegenseitiges Abkommen geschlossen worden ist. Ihr würdet genug wissen, um zu verhindern, dass eure Welt so verwundbar ist.

Gegenwärtig gibt es mehr als ein Kollektiv, das hier mit anderen im Wettbewerb um Vorteile steht. Dadurch befindet sich die Menschheit inmitten sehr ungewöhnlicher, aber aufschlussreicher Umstände. Deshalb werden die Botschaften der Besucher oftmals widersprüchlich erscheinen. Es hat Konflikte zwischen ihnen gegeben, aber sie werden miteinander verhandeln, falls sie darin einen gegenseitigen Nutzen erkennen sollten. Allerdings konkurrieren sie derzeit miteinander. Für sie ist dies das Grenzland. Sie schätzen euch nur, soweit ihr euch als nützlich erweist. Sobald ihr nicht mehr als nützlich erachtet werdet, werdet ihr einfach ausgesondert.

Es stellt eine große Herausforderung für die Menschen eurer Welt und insbesondere für diejenigen dar, die in Macht- und Verantwortungspositionen sind, den Unterschied zwischen einer spirituellen Präsenz und einer Erscheinung aus der Größeren Gemeinschaft zu erkennen. Doch wie könnt ihr die Grundlagen erhalten, um das zu unterscheiden? Wo könnt ihr so etwas lernen? Wer auf eurer Welt ist in der Lage, über die Realität der Größeren Gemeinschaft zu lehren? Nur eine Lehre von jenseits der Welt kann euch für das Leben jenseits der Welt vorbereiten und das Leben jenseits der Welt befindet sich jetzt *auf* eurer Welt und versucht, sich hier festzusetzen, es versucht, seinen Einfluss auszudehnen, es versucht, den Verstand und die Herzen und Seelen der Menschen überall zu vereinnahmen. Es ist so einfach. Und doch so verheerend.

Deshalb besteht unsere Aufgabe in diesen Botschaften darin, eine große Warnung auszusprechen, aber eine Warnung ist nicht ausreichend. Es muss eine Erkenntnis bei euren Menschen eintreten. Zumindest muss bei genügend Menschen hier ein Verständnis über die Realität bestehen, mit der ihr jetzt konfrontiert seid. Dies ist das größte Ereignis in der Geschichte der Menschheit–die größte Bedrohung für menschliche Freiheit und die größte Chance für menschliche Einheit und Zusammenarbeit. Wir erkennen diese großen Vorteile und Möglichkeiten, aber mit jedem Tag, der vergeht, werden ihre Aussichten schwächer–während immer mehr Menschen eingefangen werden und ihr Bewusstsein umgestaltet und verändert wird, während sich immer mehr Menschen spirituellen Lehren hingeben, die von den Besuchern gezielt gefördert werden und während immer mehr Menschen gefügiger werden und ihre Urteilsfähigkeit verlieren.

Wir sind auf Wunsch der Unsichtbaren gekommen, um in dieser Eigenschaft als Beobachter Dienst zu leisten. Sollten wir erfolgreich sein, werden wir nur so lange in der Nähe eurer Welt bleiben wie nötig, um euch die Informationen weiterhin übermitteln zu können. Danach werden wir zu unseren eigenen Heimatorten zurückkehren. Sollten wir scheitern und sollte sich das Blatt gegen die Menschheit wenden und sollte die große Finsternis über die ganze Welt hereinbrechen, die Dunkelheit der Herrschaft, dann werden wir abreisen müssen, ohne unsere Mission erfüllt zu haben. Was auch immer geschieht, wir können nicht bei euch bleiben, aber falls ihr euch als vielversprechend erweisen solltet, werden wir bleiben, bis ihr sicher seid, bis ihr für euch selbst sorgen könnt. Dies setzt voraus, dass ihr autark sein müsst. Solltet ihr von dem Handel mit anderen Rassen abhängig werden, dann setzt ihr euch einer sehr großen Gefahr der Manipulation von jenseits aus, denn die Menschheit ist noch nicht stark genug, um den Kräften in der mentalen Umgebung zu widerstehen, die hier ausgeübt werden können und bereits ausgeübt werden.

Die Besucher werden versuchen, den Eindruck zu erwecken, dass sie "die Verbündeten der Menschheit" sind. Sie werden sagen, dass sie hier sind, um die Menschheit vor sich selbst zu retten, dass nur sie die große Hoffnung mitbringen, die die Menschheit selbst nicht zustande bringen kann, dass nur sie wahre Ordnung und Harmonie auf der Welt errichten können. Aber diese Ordnung und diese Harmonie werden ihre sein, nicht eure. Und ihr werdet nicht in den Genuss der Freiheit kommen, die sie versprechen.

Manipulation religiöser Traditionen und des Glaubens

Um die Aktivitäten der Besucher der gegenwärtigen Welt zu verstehen, müssen wir euch mehr Informationen über ihren Einfluss auf die Institutionen und Werte der Weltreligionen sowie auf die grundlegenden spirituellen Impulse geben, die in eurer Natur liegen und die in vielerlei Hinsicht typisch für intelligentes Leben in weiten Bereichen der Größeren Gemeinschaft sind.

Zuerst sollten wir erläutern, dass die Aktivitäten, die die Besucher gegenwärtig auf der Welt durchführen, bereits viele Male zuvor an vielen verschiedenen Orten in vielen unterschiedlichen Kulturen in der Größeren Gemeinschaft durchgeführt worden sind. Eure Besucher sind nicht die Erfinder dieser Maßnahmen, sondern wenden sie lediglich nach eigenem Ermessen an und haben dies bereits viele Male zuvor getan.

Es ist wichtig, dass ihr begreift, dass Fähigkeiten zur Beeinflussung und zur Manipulation in der Größeren Gemeinschaft bis zu einem hohen Grad an Wirksamkeit ausgereift sind. Je erfahrener und technologisch kompetenter Rassen werden, desto subtiler und umfassender wird die Art der Beeinflussung, die sie aufeinander ausüben. Die Menschen haben sich bislang erst weit genug entwickelt, um untereinander konkurrieren zu können, und daher verfügt ihr noch nicht über diesen Anpassungsvorteil. Dies an sich ist einer der Gründe, warum wir euch dieses Material präsentieren. Ihr tretet in ganz neue Umstände ein, die sowohl die Kultivierung der euch angeborenen Begabungen als auch das Erlernen ganz neuer Fähigkeiten erfordern.

Obwohl sich die Menschheit in einer einzigartigen Situation befindet, sind zuvor andere Rassen unzählige Male in die Größere Gemeinschaft eingetreten. Daher ist das, was euch derzeit angetan wird, bereits zuvor erfolgt. Es wurde zu einer hohen Reife fortentwickelt und wird jetzt eurem Leben und eurer Situation mit einer, wie wir meinen, relativen Mühelosigkeit angepasst.

Das Pazifizierungsprogramm, das von den Besuchern implementiert wird, ermöglicht dies zum Teil. Der Wunsch nach friedlichen Beziehungen und der Wunsch, Kriege und Konflikte zu vermeiden, sind bewundernswert, aber sie können und *werden* faktisch gegen euch verwendet. Selbst eure edelsten Impulse können für andere Zwecke benutzt werden. Ihr konntet dies in eurer eigenen Geschichte, in eurer eigenen Natur und in euren eigenen Gesellschaften feststellen. Frieden kann nur auf einem festen Fundament der Weisheit, der Zusammenarbeit und der wahren Fähigkeit errichtet werden.

Die Menschheit ist bislang naturgemäß mit der Errichtung friedlicher Beziehungen zwischen ihren eigenen Stämmen und Nationen beschäftigt gewesen. Aber jetzt gibt es größere Probleme und Herausforderungen. Wir betrachten dies als Chance für eure Entwicklung, denn nur die Herausforderung des Eintritts in die Größere Gemeinschaft kann die Welt vereinen und euch die Grundlage dafür bieten, dass diese Einheit echt, stark und effektiv sein kann.

Wir sind daher nicht gekommen, um eure religiösen Institutionen oder eure grundlegendsten Impulse und Werte zu kritisieren, sondern um aufzuzeigen, wie sie von den außerirdischen Rassen, die auf eurer Welt intervenieren, gegen euch verwendet werden. Und falls es in unserer Macht steht, wollen wir die rechte Anwendung eurer Gaben und eurer Errungenschaften zugunsten der Bewahrung eurer Welt, eurer Freiheit und eurer Integrität als Rasse im Rahmen der Größeren Gemeinschaft fördern.

Die Besucher verfolgen grundsätzlich einen praxisorientierten Ansatz. Dies ist sowohl eine Stärke als auch eine Schwäche. Da wir sie, hier und anderenorts, beobachtet haben, wissen wir, dass es ihnen Schwierigkeiten bereitet, von ihren Plänen abzuweichen. Sie können weder gut mit Veränderung zurechtkommen, noch können sie mit Komplexität sehr effektiv umgehen. Deshalb führen sie ihren Plan in einer fast nachlässigen Weise durch, denn sie glauben, dass sie im Recht sind und dass sie sich im Vorteil befinden. Sie glauben nicht, dass die Menschheit Widerstand gegen sie aufbringen wird–zumindest keinen Widerstand, der sie stark beeinträchtigen wird. Und sie glauben, dass ihre Geheimnisse und ihre

Pläne gut aufgehoben sind und sich jenseits der menschlichen Vorstellungskraft befinden.

In diesem Lichte macht uns die Weitergabe dieses Materials an euch, zumindest aus ihrer Sicht, zu ihren Feinden. Aus unserer Sicht versuchen wir jedoch lediglich, ihrem Einfluss entgegenzuwirken und euch das Verständnis, das ihr braucht und die Sichtweise zu geben, auf die ihr euch stützen müsst, um eure Freiheit als eine Rasse zu bewahren und die Realitäten der Größeren Gemeinschaft zu bewältigen.

Aufgrund der praxisorientierten Ausrichtung ihrer Vorgehensweise möchten sie ihre Ziele mit der größtmöglichen Effizienz erreichen. Sie möchten die Menschheit vereinen, jedoch nur zu ihren eigenen Bedingungen und im Einklang mit ihren Aktivitäten auf der Welt. Für sie ist die Einheit der Menschheit ein pragmatisches Anliegen. Sie schätzen keine kulturelle Vielfalt; sie schätzen sie ganz sicher nicht in ihren eigenen Kulturen. Daher werden sie versuchen, wo immer sie ihren Einfluss ausüben und wo es möglich ist, die kulturelle Vielfalt zu beseitigen oder zu minimieren.

In unserem vorangegangenen Diskurs sprachen wir von dem Einfluss der Besucher auf neue Formen der Spiritualität–auf neue Vorstellungen und neue Ausdrucksformen menschlicher Göttlichkeit und menschlicher Natur, die es auf eurer Welt derzeit gibt. In unserer jetzigen Diskussion möchten wir uns auf die traditionellen Werte und Institutionen konzentrieren, die eure Besucher zu beeinflussen versuchen und gegenwärtig beeinflussen.

Bei ihrem Versuch, Gleichförmigkeit und Angepasstheit zu fördern, werden sich die Besucher auf diejenigen Institutionen und Werte stützen, die nach ihrer Ansicht am stabilsten und praktischsten für ihre Zwecke sind. Sie sind nicht an euren Vorstellungen interessiert und sie sind nicht an euren Werten interessiert, es sei denn, diese könnten ihre Agenda voranbringen. Täuscht euch nicht selbst, indem ihr denkt, dass sie sich zu eurer Spiritualität hingezogen fühlen, weil ihnen selbst so etwas fehlt. Dies wäre ein törichter und vielleicht fataler Fehler. Glaubt nicht, dass sie von eurem Leben und denjenigen Dingen, die euch faszinieren, begeistert sind. Denn ihr werdet sie nur in seltenen Fällen auf diese Weise beeinflussen können. Jegliche natürliche Neugier ist aus ihnen herausgezüchtet worden, wovon nur sehr wenig übriggeblieben ist. Es gibt in der Tat nur sehr wenig von dem, was ihr als "Geist" bezeichnen würdet oder was wir als "Varne" oder den "Weg der Einsicht" bezeichnen würden. Sie werden kontrolliert und sind kontrollierend und folgen Denkmustern und Verhaltensweisen, die fest verankert sind und streng durchgesetzt werden. Sie könnten den Eindruck vermitteln, als würden sie eure Gedanken nachempfinden, aber dies geschieht nur, um eure Gefolgschaft zu erlangen.

In den traditionellen religiösen Institutionen in eurer Welt werden sie versuchen, diejenigen Werte und grundlegenden Glaubenssätze auszunutzen, die in Zukunft dazu dienen können, eure Gefolgschaft sicherzustellen. Lasst uns euch einige Beispiele geben, die sowohl aus unseren eigenen Beobachtungen als auch aus der Einsicht stammen, die die Unsichtbaren uns im Laufe der Zeit vermittelt haben.

Viele in eurer Welt folgen dem christlichen Glauben. Wir halten dies für bewundernswert, obwohl er gewiss nicht der einzige Zugang zu grundlegenden Fragen der spirituellen Identität und des Zwecks im Leben ist. Die Besucher werden die grundlegende Vorstellung der Gefolgschaft zu einem einzigen Führer ausnutzen, um Gefolgschaft zu ihrer Sache zu erzeugen. Im Rahmen dieser Religion wird die Identifizierung mit Jesus Christus stark ausgenutzt werden. Die Hoffnung und die Verheißung seiner Rückkehr auf die Welt bieten euren Besuchern, ganz besonders zu dieser Zeitenwende des Jahrtausends, eine perfekte Gelegenheit.

Nach unserem Verständnis wird der wahre Jesus nicht auf die Welt zurückkehren, denn er arbeitet gemeinsam mit den Unsichtbaren und dient sowohl der Menschheit als auch anderen Rassen. Derjenige, der kommen und seinen Namen beanspruchen wird, wird aus der Größeren Gemeinschaft stammen. Er wird jemand sein, der zu diesem Zweck in einer der Kollektiven, die heute in der Welt sind, gezüchtet und geboren wird. Er wird menschlich aussehen und im Vergleich zu dem, was ihr derzeit erreichen könnt, herausragende Fähigkeiten aufweisen. Er wird vollkommen uneigennützig erscheinen. Er wird in der Lage sein, Handlungen zu vollbringen, die entweder Angst oder große Ehrfurcht hervorrufen werden. Er wird in der Lage sein, Bilder von Engeln und Dämonen zu projizieren oder was immer seine Befehlshaber euch zeigen wollen. Er wird den Anschein machen, spirituelle Kräfte zu besitzen. Doch er wird aus der Größeren Gemeinschaft kommen und er wird Teil des Kollektivs sein. Und er wird die Bereitschaft aufflammen lassen, ihm zu folgen. Und schließlich wird er dazu aufrufen, diejenigen, die ihm nicht folgen können, auszugrenzen oder zu vernichten.

Den Besuchern ist es gleichgültig, wie viele Menschen vernichtet werden, solange sie die uneingeschränkte Gefolgschaft der Mehrheit haben.

Daher werden sich die Besucher auf jene grundlegenden Vorstellungen konzentrieren, die ihnen diese Autorität und diesen Einfluss verschaffen.

Eine Wiederkunft Christi wird also von euren Besuchern bereits vorbereitet. Wir erkennen, dass es Anzeichen hierfür bereits auf der Welt gibt. Die Menschen erkennen die Anwesenheit der Besucher oder die Natur der Realität in der Größeren Gemeinschaft nicht und daher werden sie natürlich ihre bisherigen Überzeugungen fraglos weiter akzeptieren und glauben, dass die Zeit für die große Rückkehr ihres Retters und ihres Lehrers gekommen ist. Denn derjenige, der kommen wird, wird nicht von den Himmlischen Heerscharen stammen, er wird nicht Kenntnis oder die Unsichtbaren repräsentieren und er wird auch nicht den Schöpfer oder den Willen des Schöpfers vertreten. Wir haben die Ausarbeitung dieses Plans auf der Welt beobachtet. Wir haben auch gesehen, wie ähnliche Pläne in anderen Welten durchgeführt wurden.

In anderen religiösen Traditionen wird Gleichförmigkeit von den Besuchern gefördert werden–ihr würdet diese als fundamentale Religionen bezeichnen, die auf der Vergangenheit basieren, die auf Treue zu Autoritäten und auf Angepasstheit an die Institution basieren. Dies dient den Besuchern. Sie sind nicht an den Ideologien und Werten eurer religiösen Traditionen interessiert, sondern nur an ihrer Nützlichkeit. Je mehr die Menschen in gleicher Weise denken, in gleicher Weise handeln und je vorhersehbarer ihre Reaktionen sind, desto nützlicher sind sie für die Kollektive. Diese Konformität wird in vielen unterschiedlichen Traditionen gefördert. Die Absicht besteht hier nicht darin, alle gleich zu machen, sondern sie in ihrem Inneren arglos zu halten.

In einem Teil der Welt wird eine bestimmte religiöse Ideologie vorherrschen, in einem anderen Teil der Welt wird eine andere religiöse Ideologie vorherrschen. Das ist vollkommen nützlich für eure Besucher, denn es ist ihnen gleichgültig, ob es mehr als eine Religion gibt, solange es Ordnung, Anpassung und Gefolgschaft gibt. Da sie keine eigene Religion besitzen, der ihr euch möglicherweise anschließen oder mit der ihr euch identifizieren könntet, werden sie eure benutzen, um ihre eigenen Werte durchzusetzen. Denn sie schätzen nur die uneingeschränkte Gefolgschaft zu ihrer Sache und zu den Kollektiven, und sie streben eure uneingeschränkte Gefolgschaft an, damit ihr mit ihnen in einer Weise zusammenwirkt, die sie euch vorschreiben. Sie werden euch zusichern, dass dies zu Frieden und Erlösung auf der Welt sowie zur Wiederkehr derjenigen religiösen Erscheinung oder Persönlichkeit führen wird, die hier am höchsten geschätzt wird.

Dies soll nicht bedeuten, dass die Grundreligionen generell von außerirdischen Kräften beherrscht werden, denn wir erkennen, dass die Grundreligionen in eurer Welt fest verankert sind. Was wir damit zum Ausdruck bringen wollen, ist, dass die damit zusammenhängenden Impulse und Mechanismen von den Besuchern intensiviert und zu ihren eigenen Zwecken ausgenutzt werden. Daher muss von allen wahren Gläubigen in ihren jeweiligen Traditionen große Sorgfalt angewandt werden, um diese Einflüsse zu erkennen und ihnen, wenn möglich, entgegenzuwirken. In diesem Bereich sind es nicht die durchschnittlichen Personen auf der Welt, die die Besucher zu überzeugen versuchen; es ist die Führungsebene.

Die Besucher glauben fest daran, dass die Menschheit sich selbst und die Welt zerstören wird, wenn sie nicht rechtzeitig eingreifen. Dies beruht nicht auf Wahrheit; es ist lediglich eine Vermutung. Obwohl für die Menschheit die Gefahr der Selbstvernichtung besteht, ist dies nicht zwingend eure Bestimmung. Aber die Kollektive glauben, dass dies so ist und daher müssen sie mit Eile handeln und treiben mit großem Nachdruck ihre Überredungsprogramme voran. Diejenigen, die überredet werden können, werden als nützlich bewertet, diejenigen hingegen, die nicht überredet werden können, werden ausgesondert und ausgegrenzt. Sollten die Besucher mächtig genug werden, um die vollständige Kontrolle über die Welt zu erlangen, werden diejenigen, die sich nicht unterordnen, einfach ausgelöscht werden. Doch die Besucher werden die Zerstörung nicht selbst ausführen. Das wird durch die Personen auf der Welt ausgeführt, die vollständig unter ihren Einfluss geraten sind.

Wir wissen, dass dies ein schreckliches Szenario ist, aber es darf keine Unklarheit darüber herrschen, wenn ihr das, was wir in unseren Botschaften an euch zum Ausdruck bringen, verstehen und empfangen wollt. Es ist nicht die Vernichtung der Menschheit, sondern die Integration der Menschheit, die die Besucher anstreben. Sie werden sich mit euch zu diesem Zweck kreuzen.

Sie werden versuchen, eure religiösen Impulse und Institutionen für diesen Zweck umzulenken. Sie werden sich auf eine geheime Art und Weise auf der Welt zu diesem Zweck festsetzen. Sie werden Regierungen und führende Regierungsvertreter zu diesem Zweck beeinflussen. Sie werden militärische Mächte auf der Welt zu diesem Zweck beeinflussen. Die Besucher sind zuversichtlich, dass sie erfolgreich sein können, denn bislang sehen sie, dass die Menschheit noch nicht genug Widerstand geleistet hat, um ihren Maßnahmen entgegenzuwirken oder ihre Pläne zu durchkreuzen.

Um dem entgegenzuwirken, müsst ihr den Weg der Kenntnis der Größeren Gemeinschaft erlernen. Jede freie Rasse im Universum muss den Weg der Kenntnis lernen, aber er kann im Rahmen ihrer eigenen Kulturen ausgestaltet werden. Dies ist die Quelle individueller Freiheit. Dies ermöglicht es Individuen und Gesellschaften, wahre Integrität zu besitzen und die Weisheit zu erlangen, die erforderlich ist, um den Einflüssen, die der Kenntnis entgegenwirken, standzuhalten, sowohl in ihren eigenen Welten als auch in der Größeren Gemeinschaft. Es ist daher erforderlich, neue Wege zu erlernen, denn ihr tretet in eine neue Situation mit neuen Kräften und neuen Einflüssen ein. Und dies ist tatsächlich nicht irgendeine mögliche Zukunftsperspektive, sondern eine unmittelbar anstehende Herausforderung. Das Leben im Universum wartet nicht, bis ihr bereit seid. Ereignisse werden geschehen, ob ihr bereit seid oder nicht. Visitationen haben sich ohne eure Zustimmung und ohne eure Erlaubnis ereignet. Und eure grundlegenden Rechte werden in einem weit größeren Ausmaß verletzt, als ihr überhaupt begreift.

Aus diesem Grund sind wir nicht nur gesandt worden, um unsere Sichtweise darzulegen und euch Mut zuzusprechen, sondern auch um einen Aufruf, ein Alarmsignal erklingen zu lassen, um Bewusstsein und Verpflichtung in euch zu wecken. Wir haben bereits gesagt, dass wir eure Rasse nicht mittels einer militärischen Intervention retten können. Das ist nicht unsere Aufgabe. Und selbst wenn wir versuchen würden, dies zu tun, und die Stärke aufbringen würden, um diesen Plan auszuführen, würde eure Welt zerstört werden. Wir können nur unseren Rat erteilen.

Ihr werdet in Zukunft einen Eifer des religiösen Glaubens erleben, der in gewalttätiger Weise zum Ausdruck kommt und sich gegen Menschen, die dies ablehnen, sowie gegen weniger starke Nationen richtet und der als Waffe des Angriffs und der Zerstörung verwendet wird. Die Besucher möchten nichts lieber, als dass eure religiösen Institutionen die Nationen regieren. Dem müsst ihr widerstehen. Die Besucher möchten nichts lieber, als dass religiöse Werte von allen geteilt werden, denn dadurch würden die ihnen zur Verfügung stehenden Arbeitskräfte vermehrt und ihre Aufgabe erleichtert. Solch ein Einfluss richtet sich in all seinen Erscheinungsformen im Wesentlichen auf Duldung und Unterwerfung–Unterwerfung des Willens, Unterwerfung des Zwecks und Unterwerfung des eigenen Lebens und der eigenen Fähigkeiten. Dennoch wird dies als eine große Errungenschaft für die Menschheit gefeiert werden, als großer gesellschaftlicher Fortschritt, als eine neue Vereinigung der menschlichen Rasse, als eine neue Hoffnung für Frieden und Ruhe, als ein Triumph des menschlichen Geistes über die menschlichen Instinkte.

Daher kommen wir mit unserem Rat und ermutigen euch, es zu unterlassen, unkluge Entscheidungen zu treffen, euer Leben an etwas, das ihr nicht versteht, hinzugeben und euer Urteilsvermögen und eure Diskretion zugunsten irgendeiner in Aussicht gestellten Belohnung aufzugeben. Und wir müssen euch dazu ermutigen, Kenntnis in euch nicht zu verraten, die spirituelle Intelligenz, mit der ihr geboren wurdet und die jetzt eure einzige und größte Hoffnung darstellt.

Vielleicht werdet ihr das Universum für einen Ort ohne Gnade halten, wenn ihr dies hört. Vielleicht werdet ihr zynisch und ängstlich werden und denken, dass Gier universell ist. Aber dies ist nicht der Fall. Was jetzt notwendig ist, ist, dass ihr stark werdet, stärker als ihr derzeit seid, stärker als ihr jemals zuvor gewesen seid. Gestattet keine Kommunikation mit denjenigen, die auf eurer Welt intervenieren, bis ihr diese Stärke erreicht habt. Öffnet euren Verstand und euer Herz nicht den Besuchern von jenseits der Welt, denn sie kommen hierher, um ihre eigenen Ziele zu verfolgen. Glaubt nicht, dass sie eure religiösen Prophezeiungen oder größten Ideale verwirklichen werden, denn dies ist eine Täuschung.

Es gibt große spirituelle Kräfte in der Größeren Gemeinschaft–Individuen und sogar Nationen, die sehr hohe Niveaus der Errungenschaft erklommen haben, weit jenseits dessen, was die Menschheit bislang gezeigt hat. Aber sie kommen nicht und übernehmen die Kontrolle über andere Welten. Sie stellen keine politischen und wirtschaftlichen Mächte im Universum dar. Sie beteiligen sich nicht am Handel über die Erfüllung ihrer eigenen Grundbedürfnisse hinaus. Sie reisen selten, außer in Notfällen.

Abgesandte werden geschickt, um diejenigen, die dabei sind, in die Größere Gemeinschaft einzutreten, zu unterstützen, Abgesandte wie wir. Und es gibt ebenso spirituelle Abgesandte–die Macht der Unsichtbaren, die zu denjenigen sprechen, die bereit sind, zu empfangen, und die guten Herzens und vielversprechend sind. Auf diese Weise wirkt Gott im Universum.

Ihr betretet eine neue schwierige Umgebung. Eure Welt ist sehr wertvoll für andere. Ihr werdet sie schützen müssen. Ihr werdet eure Ressourcen schonen müssen, damit ihr nicht auf den Handel mit anderen Nationen angewiesen seid oder hiervon abhängig werdet, um die grundlegenden Bedürfnisse eures Lebens zu erfüllen. Wenn ihr eure Ressourcen nicht bewahrt, werdet ihr viel von eurer Freiheit und Autarkie aufgeben.

Eure Spiritualität muss solide sein. Sie muss auf realen Erfahrungen beruhen, denn Werte und Glaubensinhalte, Rituale und Traditionen können ausgenutzt werden und werden von euren Besuchern für ihre eigenen Zwecke benutzt.

Hier könnt ihr beginnen, zu erkennen, dass eure Besucher in bestimmten Bereichen sehr verwundbar sind. Lasst uns dies näher erkunden. Als Individuen besitzen sie sehr wenig Willenskraft und haben Schwierigkeiten im Umgang mit Komplexität. Sie verstehen eure spirituelle Natur nicht. Und sie begreifen ganz sicher nicht die Impulse der Kenntnis. Je stärker eure Verbindung zur Kenntnis ist, desto schwieriger seid ihr zu kontrollieren, und desto weniger nützlich werdet ihr für sie und für ihr Integrationsprogramm. Je stärker ihr als Individuen mit Kenntnis verbunden seid, eine desto größere Herausforderung werdet ihr für sie darstellen. Je mehr Personen eine starke Verbindung zur

Kenntnis erlangen, desto schwieriger wird es für die Besucher, sie auszugrenzen.

Die Besucher haben keine physische Stärke. Ihre Macht liegt in der mentalen Umgebung und in der Nutzung ihrer Technologien. Ihre Anzahl ist im Vergleich zu eurer klein. Sie sind vollständig auf eure Gefolgschaft angewiesen, und sie sind übermäßig zuversichtlich, dass sie erfolgreich sein können. Basierend auf ihren bisherigen Erfahrungen hat die Menschheit keinen signifikanten Widerstand geleistet. Doch je stärker ihr mit Kenntnis verbunden seid, desto mehr werdet ihr zu einer Kraft, die sich der Intervention und der Manipulation widersetzt, und desto mehr werdet ihr zu einer Kraft der Freiheit und Integrität eurer Rasse.

Auch wenn vielleicht nicht viele in der Lage sein werden, unsere Botschaft zu hören, ist eure Reaktion wichtig. Vielleicht ist es einfach, unsere Anwesenheit und unsere Wirklichkeit anzuzweifeln und unsere Botschaft abzulehnen, aber wir sprechen in Übereinstimmung mit Kenntnis. Daher kann das, was wir sagen, auch in euch erkannt werden, wenn ihr frei seid, es zu wissen.

Uns ist klar, dass wir viele Überzeugungen und Konventionen in unserer Mitteilung herausfordern. Selbst unsere Ankunft hier wird unerklärlich erscheinen und von vielen geleugnet werden. Doch unsere Worte und unsere Botschaft können mit euch in Resonanz treten, weil wir mit Kenntnis sprechen. Die Macht der Wahrheit ist die größte Macht im Universum. Sie hat die Macht, zu befreien. Sie hat die Macht, zu erleuchten. Und sie hat die Macht, denjenigen Stärke und Zuversicht zu verleihen, die sie brauchen.

Uns wird mitgeteilt, dass das menschliche Gewissen sehr geschätzt wird, auch wenn es vielleicht nicht immer befolgt wird. Dies
ist, wovon wir sprechen, wenn wir euch von dem Weg der Kenntnis
erzählen. Er ist von grundlegender Bedeutung für all eure wahren
spirituellen Impulse. Er ist bereits in euren Religionen enthalten.
Er ist nicht neu für euch. Aber er muss wertgeschätzt werden oder
unsere Bemühungen und die Bemühungen der Unsichtbaren, die
Menschheit auf die Größere Gemeinschaft vorzubereiten, werden
keinen Erfolg haben. Zu wenige werden reagieren. Und die Wahrheit wird eine Belastung für sie werden, denn sie werden nicht in
der Lage sein, sie wirksam weiterzugeben.

Daher kommen wir nicht, um eure religiösen Institutionen
oder Konventionen zu kritisieren, sondern nur, um zu veran-
schaulichen, wie sie gegen euch eingesetzt werden können. Wir
sind nicht hier, um sie zu ersetzen oder zu leugnen, sondern um
zu zeigen, wie echte Integrität diese Institutionen und Konventionen durchdringen muss, damit sie euch auf eine authentische
Weise dienen können.

In der Größeren Gemeinschaft wird Spiritualität in dem verkörpert, was wir als Kenntnis bezeichnen, Kenntnis im Sinne der
Intelligenz des Geistes und der Bewegung des Geistes in euch.
Dies ermöglicht euch, zu wissen, anstatt bloß zu glauben. Dies
verleiht euch Immunität gegen Überredungskunst und Manipulation, denn Kenntnis kann nicht von irgendeiner weltlichen Macht
oder Gewalt manipuliert werden. Dies verleiht euren Religionen
Leben und eurer Bestimmung Hoffnung.

Diese Vorstellungen besitzen für uns Gültigkeit, denn sie
sind grundlegend. In den Kollektiven fehlen sie jedoch und solltet

ihr den Kollektiven oder sogar ihrer Anwesenheit unmittelbar begegnen und die Macht haben, euren eigenen Verstand aufrecht zu erhalten, dann werdet ihr dies für euch selbst erkennen.

Wir haben erfahren, dass es viele Menschen auf der Welt gibt, die sich selbst überantworten wollen und sich einer größeren Macht im Leben hingeben wollen. Dies gibt es nicht nur in der Welt der Menschheit, in der Größeren Gemeinschaft jedoch führt solch eine Haltung zu Versklavung. Wir haben gehört, dass auf eurer eigenen Welt, noch bevor die Besucher in so großer Zahl hierherkamen, ein solcher Ansatz oft zu Versklavung geführt hat. Aber in der Größeren Gemeinschaft seid ihr noch verwundbarer und müsst weiser, vorsichtiger und autarker sein. Leichtsinn fordert hier regelmäßig einen hohen Preis und hat großes Unglück zur Folge.

Wenn ihr auf Kenntnis reagieren und den Weg der Kenntnis der Größeren Gemeinschaft erlernen könnt, werdet ihr in der Lage sein, dies für euch selbst zu erkennen. Dann werdet ihr unsere Worte bestätigen, anstatt sie nur zu glauben oder zu leugnen. Der Schöpfer macht dies möglich, denn der Schöpfer will, dass die Menschheit sich auf ihre Zukunft vorbereitet. Aus diesem Grund sind wir gekommen. Aus diesem Grund beobachten wir und haben jetzt die Möglichkeit, über das zu berichten, was wir sehen.

Die religiösen Traditionen der Welt sprechen zu euren Gunsten in ihren wesentlichen Lehren. Wir hatten die Gelegenheit, über sie durch die Unsichtbaren zu lernen. Aber sie stellen auch eine potenzielle Schwachstelle dar. Wenn die Menschheit wachsamer wäre und die Realitäten des Lebens in der Größeren Gemeinschaft und die Bedeutung verfrühter Besuche kennen würde, wären eure Risiken nicht so groß, wie sie heute sind. Es wird die Hoffnung und die Erwartung gehegt, dass solche Besuche eine reiche Belohnung bringen werden und eine Erfüllung für euch sein werden. Aber ihr konntet noch nichts über die Realität der Größeren Gemeinschaft oder der mächtigen Kräfte, die auf eurer Welt wirken, lernen. Euer Mangel an Verständnis und das voreilige Vertrauen in die Besucher sind für euch nicht vorteilhaft.

Aus diesem Grund bleiben die Weisen in der Größeren Gemeinschaft verborgen. Sie streben keinen Handel in der Größeren Gemeinschaft an. Sie wollen nicht Teil von Gilden oder Handelszusammenschlüssen sein. Sie streben keine diplomatischen Kontakte mit vielen Welten an. Ihr Netzwerk aus treuen Verbündeten ist mysteriöser, spiritueller in seiner Natur. Sie verstehen die Risiken und die Schwierigkeiten, die mit einem Kontakt mit den Realitäten des Lebens im physischen Universum verbunden sind. Sie bewahren ihre Abgeschiedenheit und bleiben an ihren Grenzen wachsam. Sie versuchen, ihre Weisheit nur durch solche Mittel zu verbreiten, die nicht rein physischer Natur sind.

In eurer eigenen Welt könnt ihr dies vielleicht am besten in denjenigen sehen, die am weisesten, am begabtesten sind und die keine persönlichen Vorteile auf kommerziellem Weg anstreben und die sich keinen Eroberungen und Manipulationen hingeben. Eure eigene Welt erzählt euch so vieles. Eure eigene Geschichte erzählt euch so vieles und veranschaulicht, wenn auch in kleinerem Maßstab, alles, was wir euch hier darlegen.

Unsere Absicht ist daher, euch nicht nur vor der Ernsthaftigkeit eurer Situation zu warnen, sondern, soweit wir können, euch ein größeres Wahrnehmungsvermögen und ein größeres Verständnis über das Leben, das ihr benötigen werdet, zu vermitteln. Und wir vertrauen darauf, dass es genügend unter euch geben wird, die diese Worte hören und auf die Macht der Kenntnis reagieren können. Wir hoffen, dass es diejenigen geben wird, die erkennen, dass unsere Botschaften nicht hier sind, um Angst und Panik hervorzurufen, sondern um ein Verantwortungsgefühl und eine Verpflichtung zur Bewahrung der Freiheit und des Guten in eurer Welt zu wecken.

Falls es der Menschheit nicht gelingen sollte, sich der Intervention zu widersetzen, können wir euch ein Bild davon geben, was dies bedeuten würde. Wir haben dies an anderen Orten gesehen, denn jeder von uns kam dem auf unseren jeweiligen eigenen Welten sehr nahe. Als Bestandteil eines Kollektivs werden die Ressourcen des Planeten Erde ausgebeutet werden, seine Menschen werden zur Arbeit zusammengepfercht und seine Rebellen und Abweichler werden entweder ausgegrenzt oder vernichtet werden. Die Welt wird wegen der Erträge aus der Landwirtschaft und dem Bergbau bewahrt werden. Menschliche Gesellschaften werden fortbestehen, aber Mächten von jenseits eurer Welt untergeordnet werden. Und sollte die Welt ihre Nützlichkeit erschöpft haben, sollten ihre Ressourcen vollständig abgebaut worden sein, dann werdet ihr eurer Ressourcen beraubt, zurückgelassen werden. Die natürlichen Lebensgrundlagen eurer Welt werden euch weggenommen worden sein; die zum Überleben notwendigen Mittel werden gestohlen worden sein. Dies hat sich zuvor bereits an vielen anderen Orten ereignet.

Bei dieser Welt könnten sich die Kollektive gegebenenfalls entschließen, sie für eine laufende Nutzung als strategischen Posten und als biologisches Warenlager zu bewahren. Doch die menschliche Bevölkerung würde unter solch einer unterdrückenden Herrschaft schrecklich leiden. Die Bevölkerung der Menschheit würde reduziert werden. Die Verwaltung der Menschheit würde denjenigen übertragen werden, die für den Zweck gezüchtet werden, die menschliche Rasse im Rahmen einer neuen Ordnung zu führen. Menschliche Freiheit, wie ihr sie kennt, würde nicht mehr existieren und ihr würdet unter der Last einer Fremdherrschaft leiden, einer Herrschaft, die hart und erbarmungslos sein würde.

Es gibt in der Größeren Gemeinschaft viele Kollektive. Einige von ihnen sind groß, andere von ihnen sind klein. Einige von ihnen verhalten sich ethischer in ihrer Vorgehensweise, viele sind es jedoch nicht. In dem Maße, in dem sie gegeneinander um Gelegenheiten konkurrieren, wie um die Herrschaft über eure Welt, können gefährliche Aktivitäten ausgeübt werden. Wir müssen dies beschreiben, damit kein Zweifel darüber besteht, was wir sagen. Die Entscheidungsmöglichkeiten, die vor euch liegen, sind sehr begrenzt, aber von großer Bedeutung.

Versteht daher, dass ihr aus der Perspektive eurer Besucher alle Stämme seid, die verwaltet und kontrolliert werden müssen, um den Interessen der Besucher zu dienen. Zu diesem Zweck werden eure Religionen und ein gewisser Teil eurer sozialen Realität aufrechterhalten werden. Aber ihr werdet sehr viel verlieren. Und vieles wird verloren sein, noch bevor ihr bemerkt, was euch weggenommen wurde. Daher können wir euch nur zu Wachsamkeit, Verantwortung und zu der Verpflichtung aufrufen, zu lernen–über das Leben in der Größeren Gemeinschaft zu lernen, zu lernen, wie ihr eure eigene Kultur und eure eigene Realität in einer größeren Umgebung bewahren könnt und zu lernen, wie erkannt werden kann, wer hier ist, um euch zu dienen und wie sie von denjenigen unterschieden werden können, die es nicht sind. Dieses größere Urteilsvermögen wird so dringend auf der Welt gebraucht, selbst für die Lösung eurer eigenen Schwierigkeiten. Aber im Hinblick auf euer Überleben und Wohlergehen in der Größeren Gemeinschaft ist es von grundsätzlicher Bedeutung.

Deshalb rufen wir euch auf, Mut zu fassen. Wir haben euch noch mehr mitzuteilen.

An der Schwelle: Eine neue Hoffnung für die Menschheit

U m sich auf die außerirdische Anwesenheit, die sich auf der Welt befindet, vorzubereiten, ist es notwendig, mehr über das Leben in der Größeren Gemeinschaft zu lernen, über das Leben, das eure Welt in Zukunft umschließen wird, über das Leben, von dem ihr ein Teil sein werdet.

Es ist schon immer die Bestimmung der Menschheit gewesen, in eine Größere Gemeinschaft des intelligenten Lebens einzutreten. Dies ist unvermeidlich und geschieht in allen Welten, auf denen intelligentes Leben gesät worden ist und sich entwickelt hat. Letztendlich wäret ihr ohnehin zu der Erkenntnis gelangt, dass ihr in einer Größeren Gemeinschaft lebt und ihr hättet herausgefunden, dass ihr nicht allein auf eurer eigenen Welt lebt, dass Visitationen stattfinden und dass ihr lernen müsst, mit andersartigen Rassen, Kräften, Glaubenssysteme und Verhaltensweisen fertig zu werden, die in der Größeren Gemeinschaft, in der ihr lebt, weit verbreitet sind.

Der Eintritt in die Größere Gemeinschaft ist eure Bestimmung. Eure Isolation ist jetzt vorbei. Obwohl eure Welt bereits in der Vergangenheit viele Male besucht worden ist, ist euer isolierter Zustand jetzt beendet. Jetzt ist es für euch notwendig zu erkennen, dass ihr nicht mehr allein seid–nicht im Universum und nicht einmal auf eurer eigenen Welt. Dieses Verständnis wird ausführlicher in der Lehre der Spiritualität der Größeren Gemeinschaft erläutert, die gegenwärtig der Welt dargebracht wird. Unsere Rolle ist es, das Leben, so wie es in der Größeren Gemeinschaft existiert, zu beschreiben, damit ihr ein tieferes Verständnis des größeren Panoramas des Lebens, in das ihr eintretet, erlangen könnt. Dies ist notwendig, damit ihr in der Lage seid, euch dieser neuen Realität mit größerer Objektivität, größerem Verständnis und größerer Weisheit zu nähern. Die Menschheit hat so lange in relativer Isolation gelebt, dass sie natürlicherweise annimmt, dass auch der Rest des Universums in Übereinstimmung mit den Vorstellungen, Prinzipien und wissenschaftlichen Methoden funktioniert, an die ihr glaubt und auf die ihr eure Aktivitäten und eure Wahrnehmung der Welt stützt.

Die Größere Gemeinschaft ist enorm. Ihre entferntesten Weiten sind niemals erkundet worden. Sie ist größer als irgendeine Rasse begreifen könnte. Innerhalb dieser herrlichen Schöpfung existiert intelligentes Leben auf allen Ebenen der Evolution und in unzähligen Ausdrucksformen. Eure Welt befindet sich in einem Teil der Größeren Gemeinschaft, der verhältnismäßig dicht besiedelt ist. Es gibt viele Gebiete der Größeren Gemeinschaft, die noch niemals erkundet worden sind und andere Gebiete, in denen Rassen im Verborgenen leben. Was die Erscheinungsformen des Lebens betrifft, so existiert in der Größeren Gemeinschaft alles. Und selbst wenn das Leben, wie wir es beschrieben haben, schwierig und herausfordernd zu sein scheint, wirkt der Schöpfer überall, um die in Trennung Lebenden durch Kenntnis zurück zu gewinnen.

In der Größeren Gemeinschaft kann es nicht nur eine einzige Religion, eine einzige Ideologie oder eine einzige Regierungsform geben, die auf alle Rassen und alle Völker angewandt werden kann. Wenn wir von Religion sprechen, meinen wir daher die Spiritualität der Kenntnis, denn sie ist die Macht und Präsenz der Kenntnis, die in allem intelligenten Leben weilt–in euch, in euren Besuchern und in anderen Rassen, denen ihr in Zukunft noch begegnen werdet.

Universelle Spiritualität wird damit zu einem zentralen Schwerpunkt. Sie führt die unterschiedlichen Auffassungen und Vorstellungen zusammen, die auf eurer Welt weit verbreitet sind und verleiht eurer eigenen spirituellen Wirklichkeit ein gemeinsames Fundament. Doch das Studium der Kenntnis dient nicht einfach nur der Erbauung, sondern es ist von Bedeutung für das Überleben und den Fortschritt in der Größeren Gemeinschaft. Um in der Lage zu sein, eure Freiheit und Unabhängigkeit in der Größeren Gemeinschaft zu errichten und zu bewahren, müsst ihr diese größere Fähigkeit in ausreichend vielen Menschen auf eurer Welt entwickeln. Kenntnis ist der einzige Teil von euch, der nicht manipuliert oder beeinflusst werden kann. Sie ist die Quelle des weisen Verständnisses und Handelns. Sie wird zu einer Notwendigkeit in einem Umfeld der Größeren Gemeinschaft, wenn ihr Freiheit wertschätzt und über euer eigenes Schicksal entscheiden wollt, ohne in ein Kollektiv oder eine andere Gesellschaft eingegliedert zu werden.

Auch wenn wir die gegenwärtige Situation auf der Welt als ernst bezeichnen, präsentieren wir euch gleichzeitig ein großes Geschenk und eine große Verheißung für die Menschheit, denn der Schöpfer würde euch nicht ohne eine Vorbereitung auf die Größere Gemeinschaft euch selbst überlassen, die die größte aller Schwellen ist, mit der ihr als Rasse jemals konfrontiert sein werdet. Auch wir sind ebenfalls mit diesem Geschenk gesegnet worden. Es war in unserem Besitz für viele eurer Jahrhunderte. Wir mussten es sowohl aufgrund unserer eigenen Entscheidung als auch aufgrund einer Notwendigkeit lernen.

Es sind in der Tat die Präsenz und die Macht der Kenntnis, die uns in die Lage versetzen, als eure Verbündeten zu sprechen und euch jene Informationen zu übermitteln, die wir euch in diesen Lageberichten mitteilen. Hätten wir diese große Offenbarung niemals entdeckt, wären wir auf unseren eigenen Welten isoliert geblieben, unfähig, die größeren Mächte im Universum zu begreifen, die unsere Zukunft und unsere Bestimmung prägen würden. Denn das Geschenk, das heute auf eurer Welt dargebracht wird, wurde auch uns und vielen anderen vielversprechenden Rassen gegeben. Dieses Geschenk ist von enormer Bedeutung für aufstrebende Rassen wie eure eigene, die eine so große Verheißung besitzt und doch in der Größeren Gemeinschaft so gefährdet ist.

Während es daher nicht nur eine einzige Religion oder Ideologie im Universum geben kann, so gibt es dennoch ein uni-

verselles Prinzip und Verständnis und eine spirituelle Wirklichkeit, die allen zugänglich sind. Dies ist so vollkommen, dass es
selbst diejenigen erreichen kann, die sich völlig von euch unterscheiden. Es spricht zu der Vielfalt des Lebens in all seinen
Erscheinungsformen. Ihr, die ihr auf eurer Welt lebt, habt jetzt
die Gelegenheit, von dieser großen Realität zu hören, ihre Macht
und Gnade selbst zu erfahren. Dies ist tatsächlich das Geschenk,
das wir unterstützen möchten, denn es wird eure Freiheit und
eure Selbstbestimmung bewahren und die Tür zu einer größeren
Verheißung im Universum öffnen.

Allerdings werdet ihr zu Beginn Widrigkeiten und einer großen
Herausforderung begegnen. Dies macht es erforderlich, dass ihr
eine tiefere Kenntnis und ein größeres Bewusstsein erlernt. Solltet
ihr diese Herausforderung annehmen, werdet ihr den Nutzen nicht
nur für euch selbst, sondern für eure gesamte Rasse empfangen.

Die Lehre der Spiritualität der Größeren Gemeinschaft wird
in diesen Tagen der Welt dargebracht. Sie ist hier zuvor noch
nie dargebracht worden. Sie wird durch eine Person vermittelt,
die als Vermittler und Sprecher für diese Überlieferung dient. Sie
wurde auf die Welt in dieser entscheidenden Zeit gesandt, da die
Menschheit mehr über ihr Leben in der Größeren Gemeinschaft
und über die größeren Kräfte, die die Welt heutzutage formen, erfahren muss.

Nur eine Lehre und ein Verständnis, die von jenseits der
Welt stammen, können euch einen solchen Nutzen und eine solche Vorbereitung bieten.

Ihr seid bei der Durchführung einer solch großen Aufgabe
nicht allein, denn es gibt andere im Universum, die dies ebenfalls

durchführen, darunter sogar jene, die sich gleichfalls in eurem Entwicklungsstadium befinden. Ihr seid nur eine von zahlreichen Rassen, die zu dieser Zeit in die Größere Gemeinschaft eintreten. Jede ist vielversprechend und doch ist jede auch anfällig für die Schwierigkeiten, Herausforderungen und Einflüsse, die in dieser größeren Umgebung existieren. Tatsächlich haben zahlreiche Rassen ihre Freiheit verloren, noch bevor diese überhaupt wirklich erlangt worden ist, nur um Teil von Kollektiven, kommerziellen Gilden oder zu Vasallenstaaten größerer Mächte zu werden.

Wir wollen nicht, dass dies der Menschheit zustößt, denn dies wäre ein großer Verlust. Aus diesem Grund sind wir hier. Aus diesem Grund wirkt der Schöpfer derzeit auf der Welt, indem er der menschlichen Familie ein neues Verständnis bringt. Es ist an der Zeit, dass die Menschheit ihre laufenden Konflikte untereinander beendet und sich auf das Leben in der Größeren Gemeinschaft vorbereitet.

Ihr lebt in einer Region, in der es viele Aktivitäten jenseits der Sphäre eures winzigen Sonnensystems gibt. In dieser Region wird Handel entlang bestimmter Routen betrieben. Welten interagieren, konkurrieren und geraten manchmal miteinander in Konflikt. Alle, die kommerzielle Interessen verfolgen, suchen günstige Gelegenheiten. Sie streben nicht nur nach Ressourcen, sondern wollen auch die Loyalität von Welten wie der euren. Einige sind Teil größerer Kollektive. Andere bilden ihre eigenen, sehr viel kleineren Bündnisse. Diejenigen Welten, die in der Lage sind, erfolgreich in die Größere Gemeinschaft einzutreten, haben ihre Autonomie und Autarkie größtenteils aufrechterhalten. Dies bewahrt sie davor, anderen Mächten ausgeliefert zu sein, wodurch sie ausgenutzt und manipuliert würden.

Es ist vor allem eure Autarkie und die Entwicklung eures Verständnisses und eurer Einigkeit, die für euer Wohlbefinden in der Zukunft am entscheidendsten sein werden. Und diese Zukunft ist nicht mehr weit entfernt, denn bereits jetzt wächst der Einfluss der Besucher auf eurer Welt zunehmend. Viele Menschen haben sich ihnen bereits gefügt und dienen ihnen jetzt als ihre Abgesandten und Vermittler. Viele andere Menschen dienen einfach nur als Ressource für ihr genetisches Programm. So etwas hat sich, wie wir bereits dargelegt haben, schon viele Male an zahlreichen Orten zugetragen. Dies ist für uns kein Geheimnis, auch wenn es für euch unbegreiflich erscheinen muss.

Die Intervention ist sowohl ein Unglück als auch eine entscheidende Chance. Wenn ihr in der Lage seid, hierauf zu reagieren, wenn ihr in der Lage seid, euch hierauf vorzubereiten, wenn ihr in der Lage seid, die Kenntnis und die Weisheit der Größeren Gemeinschaft zu erlernen, dann werdet ihr auch in der Lage sein, die Kräfte, die in eure Welt eingreifen, außer Kraft zu setzen und die Grundlage für eine größere Einigkeit unter euren eigenen Völkern und Stämmen zu errichten. Wir ermutigen dies natürlich, denn es stärkt überall die Verbindung zur Kenntnis.

In der Größeren Gemeinschaft ereignen sich Kriege in großem Maßstab nur selten. Es gibt einschränkende Kräfte. Denn Kriegsführung stört den Handel und die Nutzung von Ressourcen. Infolgedessen ist es großen Nationen nicht gestattet, sich rücksichtslos zu verhalten, denn es würde die Ziele anderer Parteien, anderer Nationen und anderer Interessen einschränken oder ihnen zuwiderlaufen. Bürgerkriege ereignen sich zwar regelmäßig auf Welten, aber großräumige Kriege zwischen Gesellschaften und zwischen Welten sind in der Tat selten. Teilweise aus diesem Grund sind höhere Fähigkeiten im Bereich der mentalen Umgebung herangebildet worden, denn Nationen konkurrieren stets miteinander und versuchen, sich gegenseitig zu beeinflussen. Da niemand Ressourcen und Chancen zunichte machen will, werden diese höheren Fähigkeiten und Fertigkeiten mit unterschiedlichem Erfolg in vielen Gesellschaften in der Größeren Gemeinschaft herangebildet. Wenn diese Art von Einflüssen existiert, besteht ein umso größerer Bedarf an Kenntnis.

Die Menschheit ist hierauf schlecht vorbereitet. Doch aufgrund eures reichen spirituellen Erbes und des hohen Maßes an persönlicher Freiheit, das auf eurer Welt existiert, besteht die Aussicht, dass ihr dieses größere Verständnis erlangen und damit eure Freiheit sichern und bewahren könnt.

Es gibt noch andere Einschränkungen gegen die Führung von Kriegen in der Größeren Gemeinschaft. Die meisten Handelsgesellschaften gehören zu großen Gilden, die Gesetze und Verhaltenskodizes für ihre Mitglieder festgelegt haben. Diese dienen dazu, die Aktivitäten all derer einzuschränken, die versuchen würden, Gewalt anzuwenden, um Zugang zu anderen Welten und deren heimischen Ressourcen zu erlangen. Damit Kriege in großem Umfang ausbrechen können, müssten zudem viele Rassen daran beteiligt sein und dies geschieht nicht oft. Wir erkennen, dass die Menschheit sehr kriegerisch veranlagt ist und vermutet, dass Konflikte in der Größeren Gemeinschaft ebenfalls in Form von Kriegen ausgetragen werden, aber ihr werdet feststellen, dass dies in Wirklichkeit nicht toleriert wird und dass anstelle von Gewalt andere Arten der Beeinflussung angewandt werden.

Daher kommen eure Besucher nicht mit einer mächtigen Bewaffnung in eure Welt. Sie kommen nicht mit großen militärischen Kräften, denn sie wenden stattdessen jene Fähigkeiten an, die ihnen bereits auf andere Weise gedient haben–Fähigkeiten zur Manipulation der Gedanken, Impulse und Gefühle derer, denen sie begegnen. Die Menschheit ist angesichts all des Aberglaubens, der Konflikte und des Misstrauens, die auf eurer Welt derzeit so weit verbreitet sind, sehr anfällig für solche Überredungsmethoden.

Um eure Besucher und all die anderen zu verstehen, denen ihr in Zukunft noch begegnen werdet, müsst ihr deshalb reifere Methoden für die Ausübung von Macht und Einfluss entwickeln. Dies ist ein wesentlicher Teil eurer Erziehung der Größeren Gemeinschaft. Ein Teil der Vorbereitung hierfür wird in der Lehre der Spiritualität der Größeren Gemeinschaft präsentiert, aber ihr müsst auch durch unmittelbare Erfahrung lernen.

Wir erkennen, dass viele Menschen derzeit sehr fantasievolle Vorstellungen von der Größeren Gemeinschaft hegen. Es wird angenommen, dass jene, die technologisch fortgeschritten sind, auch spirituell fortgeschritten sind, aber wir können euch versichern, dass dies nicht der Fall ist. Ihr selbst, obwohl ihr jetzt technologisch weiter fortgeschritten seid als zuvor, habt euch spirituell nicht in besonders großem Umfang weiterentwickelt. Ihr habt zwar mehr Macht, aber mit Macht geht auch die Notwendigkeit für eine größere Zurückhaltung einher.

Es gibt in der Größeren Gemeinschaft solche, die auf technologischer Ebene und sogar auf der Ebene des Verstandes weit mehr Macht als ihr haben. Auch ihr werdet euch weiterentwickeln, um mit ihnen umgehen zu können, aber Waffen werden hierbei nicht euren Schwerpunkt bilden. Denn Kriegsführung in interplanetarem Maßstab ist derart verheerend, dass jeder dabei verliert. Was ist die Siegesbeute eines solchen Konflikts? Welche Vorteile verschafft er? In der Tat, wenn ein solcher Konflikt ausbricht, geschieht er im Weltraum selbst und nur selten in einer terrestrischen Umgebung. Räuberischen Nationen und jenen, die zerstörerisch und aggressiv sind, wird schnell entgegengetreten, insbesondere wenn sie in dicht besiedelten Gebieten auftauchen, in denen Handel getrieben wird.

Daher ist es erforderlich, dass ihr die Natur von Konflikten im Universum begreift, denn dies wird euch einen Einblick in die Besucher und ihre Bedürfnisse vermitteln–weshalb sie so funktionieren, wie sie es tun, weshalb individuelle Freiheit bei ihnen unbekannt ist und weshalb sie sich auf ihre Kollektive verlassen. Dies verleiht ihnen Stabilität und Macht, aber es macht sie auch anfällig für diejenigen, die weise im Umgang mit Kenntnis sind.

Kenntnis versetzt euch in die Lage, auf unterschiedlichste Weise zu denken, spontan zu handeln, die Wirklichkeit jenseits des Offensichtlichen wahrzunehmen und die Zukunft und die Vergangenheit zu erfahren. Solche Fähigkeiten liegen jenseits der Reichweite derer, die nur die Herrschaft und das Diktat ihrer Kulturen befolgen können. Ihr seid den Besuchern technologisch weit unterlegen, aber ihr habt die Aussicht, Fähigkeiten im

Weg der Kenntnis zu entwickeln, Fähigkeiten, die ihr braucht werdet und auf die ihr euch zunehmend verlassen müsst.

Wir wären nicht die Verbündeten der Menschheit, wenn wir euch nicht über das Leben in der Größeren Gemeinschaft unterrichten würden. Wir haben viel gesehen. Wir sind vielen verschiedenen Dingen begegnet. Unsere Welten wurden überwältigt und wir mussten unsere Freiheit wiedererlangen. Wir kennen aus Irrtum und Erfahrung die Natur des Konflikts und der Herausforderung, mit der ihr heute selbst konfrontiert seid. Deshalb eignen wir uns gut für diese Mission in unserem Dienst an euch. Ihr werdet uns jedoch nicht begegnen und wir werden nicht kommen, um die Führer eurer Nationen zu treffen. Das ist nicht unsere Absicht.

Ihr benötigt in der Tat so wenig Einmischung wie möglich, aber ihr braucht große Unterstützung. Es gibt neue Fähigkeiten, die ihr entwickeln müsst und ein neues Verständnis, das ihr erlangen müsst. Selbst eine wohlwollende Gesellschaft, sollte sie jemals auf eure Welt kommen, würde einen derartig starken Einfluss und eine derart starke Auswirkung auf euch ausüben, dass ihr von ihr abhängig werden würdet und eure eigene Stärke, eure eigene Macht und eure Autarkie nicht erlangen würdet. Ihr wäret so sehr auf ihre Technologie und auf ihr Verständnis angewiesen, dass sie euch nicht mehr verlassen könnten. Und ihre Ankunft hier würde euch in Wirklichkeit nur noch anfälliger für zukünftige Einmischung machen. Denn ihr würdet ihre Technologie haben wollen und ihr würdet entlang der Handelskorridore in der Größeren Gemeinschaft reisen wollen. Aber ihr wäret hierauf nicht vorbereitet und ihr wäret nicht weise.

Aus diesem Grund befinden sich eure zukünftigen Freunde nicht hier. Deshalb kommen sie nicht, um euch zu helfen. Denn ihr würdet nicht stark werden, wenn sie es täten. Ihr würdet euch mit ihnen verbünden wollen, ihr würdet Bündnisse mit ihnen eingehen wollen, aber ihr wäret so schwach, dass ihr euch selbst nicht schützen könntet. Im Wesentlichen würdet ihr ein Teil ihrer Kultur werden, was sie jedoch nicht anstreben.

Vielleicht werden viele Menschen nicht in der Lage sein, zu verstehen, was wir hier mitteilen, aber mit der Zeit wird dies für euch einen vollkommenen Sinn ergeben, und ihr werdet dessen Weisheit und Notwendigkeit erkennen. In diesem Moment seid ihr noch viel zu zerbrechlich, zu abgelenkt und zu zerstritten, um starke Bündnisse zu bilden, auch mit jenen, die eure zukünftigen Freunde sein könnten. Die Menschheit ist noch nicht in der Lage, mit einer Stimme zu sprechen, und daher seid ihr anfällig für Eingriffe und Manipulationen von jenseits.

Wenn die Realität der Größeren Gemeinschaft auf eurer Welt zunehmend erkannt wird und wenn unsere Botschaft genügend Menschen erreichen kann, dann wird es einen wachsenden Konsens darüber geben, dass die Menschheit vor einem größeren Problem steht. Dies könnte eine neue Grundlage für Zusammenarbeit und Einigkeit schaffen. Denn welchen möglichen Vorteil kann eine Nation auf eurer Welt gegenüber einer anderen haben, wenn die ganze Welt durch die Intervention bedroht ist? Und wer könnte versuchen, individuelle Macht in einer Umgebung zu erlangen, in die außerirdische Kräfte eingreifen? Wenn Freiheit auf eurer Welt Bestand haben soll, muss sie geteilt werden. Sie muss erkannt und gekannt werden. Sie darf nicht das Privileg einiger weniger sein, denn dann wird es hier keine wirkliche Stärke geben.

Wir wissen dank der Unsichtbaren, dass es bereits Menschen gibt, die die Weltherrschaft anstreben, weil sie glauben, dass sie den Segen und die Unterstützung der Besucher haben. Sie haben die Zusicherung der Besucher, dass sie in ihrem Streben nach Macht unterstützt werden. Und doch, was geben sie preis, wenn nicht die Schlüssel zu ihrer eigenen Freiheit und der Freiheit ihrer Welt? Sie sind unwissend und unklug. Sie können ihren Irrtum nicht erkennen.

Uns ist auch bewusst, dass es solche gibt, die glauben, dass die Besucher hier sind, um eine spirituelle Renaissance und eine neue Hoffnung für die Menschheit einzuleiten, aber wie können sie dies wissen, sie, die nichts über die Größere Gemeinschaft wissen? Es ist ihre Hoffnung und ihr Wunsch, dass dies der Fall sein soll und solche Wünsche werden von den Besuchern aus sehr offensichtlichen Gründen aufgegriffen.

Was wir hier mitteilen, ist, dass es auf der Welt nichts Größeres geben kann, als wahre Freiheit, wahre Macht und wahre Einheit. Wir machen unsere Botschaft jedermann zugänglich, und wir vertrauen darauf, dass unsere Worte empfangen und ernst genommen werden können. Aber wir haben keine Kontrolle über eure Reaktion hierauf. Und der Aberglaube und die Ängste der Welt können dazu führen, dass unsere Botschaft für viele unerreichbar bleibt. Aber die Aussicht besteht weiterhin. Um euch mehr zu geben, müssten wir eure Welt übernehmen, was wir jedoch nicht anstreben. Daher geben wir alles, was wir können, ohne uns in eure Angelegenheiten einzumischen. Doch es gibt viele, die Einmischung wollen. Sie wollen befreit oder von anderen gerettet werden. Sie haben kein Vertrauen in die Möglichkeiten, die für die Menschheit bestehen. Sie glauben nicht an die innewohnenden Stärken und Fähigkeiten der Menschheit. Sie werden ihre Freiheit bereitwillig weggeben. Sie werden das glauben, was ihnen von den Besuchern erzählt wird. Und sie werden ihren neuen Herren dienen und glauben, dass das, was ihnen gegeben wird, ihre eigene Befreiung ist.

Freiheit ist etwas Kostbares in der Größeren Gemeinschaft. Vergesst das niemals. Eure Freiheit, unsere Freiheit. Und was ist Freiheit, wenn nicht die Fähigkeit, der Kenntnis zu folgen, der Realität, die der Schöpfer euch gegeben hat, und Kenntnis in all ihren Erscheinungsformen auszudrücken und beizutragen?

Eure Besucher besitzen diese Freiheit nicht. Sie ist ihnen unbekannt. Sie schauen auf das Chaos eurer Welt und glauben, dass die Ordnung, die sie hier aufzwingen werden, für euch erlösend sein wird und euch vor eurer eigenen Selbstzerstörung bewahren wird. Dies ist alles, was sie geben können, denn dies ist alles, was sie haben. Und sie werden euch benutzen, aber sie halten dies nicht für unangemessen, denn sie selbst werden benutzt und kennen keine Alternative hierzu. Ihre Programmierung, ihre Konditionierung, ist so tiefgreifend, dass es kaum eine Möglichkeit gibt, sie auf der Ebene ihrer tieferen Spiritualität zu erreichen. Ihr besitzt nicht die Kraft, dies zu schaffen. Ihr müsstet so viel stärker sein, als ihr heute seid, um einen erlösenden Einfluss auf eure Besucher auszuüben. Und doch ist ihr Konformismus keineswegs ungewöhnlich in der Größeren Gemeinschaft. Er ist sehr häufig in großen Kollektiven anzutreffen, wo Angepasstheit und

Gefügigkeit wichtig für eine effiziente Funktionsweise sind, insbesondere über weite Gebiete im Raum hinweg.

Schaut daher nicht mit Angst auf die Größere Gemeinschaft, sondern mit Objektivität. Die Bedingungen, die wir beschreiben, existieren bereits auf eurer Welt. Ihr könnt diese verstehen. Manipulation ist euch bekannt. Beeinflussung ist euch bekannt. Ihr seid ihnen nur noch niemals in einem so großen Maßstab begegnet und ihr musstet noch niemals mit anderen Formen intelligenten Lebens konkurrieren. Aufgrund dessen besitzt ihr noch nicht die Fähigkeiten, dies zu tun.

Wir sprechen von Kenntnis, weil sie eure größte Fähigkeit ist. Unabhängig davon, welche Technologie ihr im Laufe der Zeit entwickeln könnt, stellt Kenntnis eure größte Verheißung dar. Ihr liegt in eurer technologischen Entwicklung weit hinter den Besuchern zurück, daher müsst ihr auf Kenntnis vertrauen. Sie ist die größte Macht im Universum und eure Besucher wenden sie nicht an. Sie ist eure einzige Hoffnung. Aus diesem Grund lehrt die Lehre der Spiritualität der Größeren Gemeinschaft den Weg der Kenntnis, stellt die *Schritte zur Kenntnis* bereit und unterrichtet Weisheit und Einsicht der Größeren Gemeinschaft. Ohne diese Vorbereitung würdet ihr nicht die Fähigkeit oder die Perspektive erlangen, euer Dilemma zu verstehen oder effektiv darauf zu reagieren. Es ist zu gewaltig. Es ist zu neu. Und ihr seid nicht an diese neuen Umstände angepasst.

Der Einfluss der Besucher wächst von Tag zu Tag. Jeder, der das hören, fühlen und wissen kann, muss den Weg der Kenntnis erlernen, den Weg der Kenntnis der Größeren Gemeinschaft. Dies ist eine Berufung. Es ist ein Geschenk. Es ist eine Herausforderung.

Nun, unter angenehmeren Umständen würde die Notwendigkeit vielleicht nicht so dringend erscheinen. Aber die Notwendigkeit ist enorm, denn es gibt keine Sicherheit, es gibt keinen Ort zum Verstecken, es gibt keinen Zufluchtsort auf der Welt, der sicher vor der Anwesenheit der außerirdischen Kräfte ist, die hier sind. Deshalb gibt es nur zwei Möglichkeiten: Ihr könnt euch fügen oder ihr könnt für eure Freiheit einstehen.

Dies ist die große Entscheidung, vor der jeder steht. Das ist der große Wendepunkt. Ihr dürft in der Größeren Gemeinschaft nicht töricht sein. Es ist eine viel zu anspruchsvolle Umgebung. Sie erfordert höchste Leistungen und Einsatz. Eure Welt ist zu wertvoll. Die Ressourcen hier werden von anderen begehrt. Die strategische Position eurer Welt wird hoch geschätzt. Selbst wenn ihr auf einer abgelegenen Welt leben würdet, weit entfernt von jeder Handelsroute, fern von Wirtschaft und Handel, würdet ihr letztendlich von irgendjemandem entdeckt werden. Dieser Eventualfall ist jetzt bei euch eingetreten. Und er ist in vollem Gange.

Fasst daher Mut. Dies ist eine Zeit für Mut, nicht für Zwiespältigkeit. Der Ernst der Situation, vor der ihr steht, bestätigt nur noch die Bedeutung eures Lebens und eurer Reaktion und die Bedeutung der Vorbereitung, die derzeit auf die Welt gesandt wird. Sie dient nicht nur eurer Erbauung und eurer Weiterentwicklung. Sie dient auch eurem Schutz und eurem Überleben.

Fragen und Antworten*

Angesichts der Informationen, die wir bisher übermittelt haben, glauben wir, dass es wichtig ist, Fragen zu unserer Realität und der Bedeutung der Botschaften, zu deren Mitteilung wir gekommen sind, zu beantworten, die mit Sicherheit aufgeworfen werden.

◆

„Warum sollten die Menschen angesichts des Mangels an harten Beweisen glauben, was ihr ihnen über die Intervention erzählt?"

Erstens muss es bereits klare Beweise für die Besuche auf eurer Welt geben. Uns wurde mitgeteilt, dass dies der Fall ist. Aber uns wurde von den Unsichtbaren auch mitgeteilt, dass die Menschen nicht wissen, wie diese Beweise zu deuten sind und dass sie ihnen ihren eigenen

---

* Diese Fragen wurden der New Knowledge Library von zahlreichen Lesern, die die Materialien der Verbündeten als erste gelesen haben, zugesandt.

Sinn zuschreiben—einen Sinn, den sie bevorzugen, einen Sinn, der vor allem Trost und Beruhigung bietet. Wir sind sicher, dass es ausreichende Beweise gibt, um zu belegen, dass die Intervention heutzutage auf der Welt stattfindet, wenn ihr euch die Zeit nehmt, diese Angelegenheit eingehend zu betrachten und zu untersuchen. Die Tatsache, dass eure Regierungen oder eure religiösen Führer solche Dinge nicht enthüllen, bedeutet nicht, dass ein derart großes Ereignis in eurer Mitte nicht stattfindet.

◆

„Wie können die Menschen erkennen, ob es euch wirklich gibt?"

Was unsere Realität betrifft, so können wir euch unsere physische Gegenwart nicht beweisen und daher müsst ihr den Sinn und die Bedeutung unserer Worte selbst erkennen. An diesem Punkt ist es nicht nur eine Sache des Glaubens. Es erfordert eine größere Erkenntnis, eine Kenntnis, eine Resonanz. Wir glauben, dass die Worte, die wir sprechen, der Wahrheit entsprechen, aber das gewährleistet noch nicht, dass sie auch als solche empfangen werden können. Wir haben keine Kontrolle über die Reaktion auf unsere Botschaft. Es gibt Menschen, die mehr Beweise fordern, als überhaupt gegeben werden können. Für andere wird ein solcher Nachweis nicht notwendig sein, denn sie spüren eine innere Bestätigung.

Vorerst bleiben wir womöglich umstritten, doch hoffen und vertrauen wir darauf, dass unsere Worte ernstgenommen werden können und dass die Beweise, die es gibt und die reichhaltig vorhanden sind, von denen, die bereit sind, hierfür Mühe auf-zuwenden und ihr Leben hierfür zu widmen, gesammelt und verstanden werden können. Aus unserer Sicht gibt es kein grö-ßeres Problem, keine größere Herausforderung und keine größere Chance, die eure Aufmerksamkeit verdient.

Ihr steht daher am Beginn eines neuen Verständnisses. Dies erfordert Glauben und Selbstvertrauen. Viele werden unsere Worte schlichtweg ablehnen, weil sie nicht glauben, dass wir überhaupt existieren könnten.

Andere werden möglicherweise denken, dass wir Teil einer Manipulation sind, die auf die Welt ausgeübt wird. Wir können diese Reaktionen nicht kontrollieren. Wir können lediglich un-sere Botschaft und unsere Gegenwart in eurem Leben offenbaren, wie entfernt diese Gegenwart auch sein mag. Es ist nicht unsere Anwesenheit, die von entscheidender Bedeutung ist, sondern die Botschaft, zu deren Enthüllung wir gekommen sind und die grö-ßere Perspektive und das Verständnis, die wir euch geben kön-nen. Eure Erziehung muss irgendwo anfangen. Jede Erziehung beginnt mit dem Wunsch, zu wissen.

Wir hoffen, dass wir durch unsere Vorträge euer Vertrauen zu-mindest teilweise erlangen können, um damit beginnen zu können, das zu enthüllen, zu dessen Darbietung wir gekommen sind.

◆

„Was habt ihr all denen zu sagen, die die Intervention als
etwas Positives betrachten?"

Zunächst einmal haben wir Verständnis für die Hoffnung,
dass alle Kräfte des Himmels mit eurem spirituellen Verständnis,
euren Traditionen und euren grundlegenden Glaubensvorstellungen zusammenhängen. Die Vorstellung, dass es alltägliches Leben im Universum gibt, stellt eine Herausforderung dieser grundlegenden Annahmen dar. Aus unserer Sicht und aus der Erfahrung unserer eigenen Welten verstehen wir diese Erwartungen.
Vor langer Zeit hegten wir diese ebenfalls. Und dennoch mussten wir sie aufgeben, als wir mit den Realitäten des Lebens in
der Größeren Gemeinschaft und der Bedeutung der Besuche konfrontiert waren.

Ihr lebt in einem großen physischen Universum. Es ist voller
Leben. Dieses Leben repräsentiert unzählige Erscheinungsformen sowie die Entwicklung von Intelligenz und spirituellem Bewusstsein auf allen Ebenen. Dies bedeutet, dass eure Begegnungen in der Größeren Gemeinschaft nahezu alle Möglichkeiten
umfassen.

Ihr seid jedoch isoliert und reist noch nicht im Weltraum.
Und selbst wenn ihr die Fähigkeit hättet, eine andere Welt zu
erreichen, so ist das Universum dermaßen riesig, dass noch niemand je die Fähigkeit erreicht hat, von einem Ende der Galaxie
zum anderen mit irgendeiner Art von Geschwindigkeit zu reisen.
Daher bleibt das physische Universum gewaltig und unverständ-

lich. Niemand hat seine Gesetze je gemeistert. Niemand hat seine Territorien je erobert. Niemand kann behaupten, vollständige Herrschaft oder Kontrolle auszuüben. Das Leben hat in dieser Hinsicht eine enorm demütigende Wirkung. Dies gilt auch weit über eure Grenzen hinaus.

Ihr solltet daher damit rechnen, dass ihr auf Intelligenzen treffen werdet, die guten Kräfte, Kräfte der Ignoranz und solche, die euch gegenüber eher neutral eingestellt sind. Doch in der Realität des Reisens und der Entdeckungen in der Größeren Gemeinschaft werden aufstrebende Rassen wie ihr, fast ohne Ausnahme, ihren ersten Kontakt mit Leben aus der Größeren Gemeinschaft machen, indem sie Ressourcensuchern, Kollektiven und denjenigen begegnen, die Vorteile für sich selbst anstreben.

Was die positive Interpretation der Besuche betrifft, so ist ein Teil davon auf die menschliche Erwartung und den natürlichen Wunsch zurückzuführen, ein gutes Resultat haben zu wollen und Hilfe aus der Größeren Gemeinschaft für all die Probleme zu bekommen, die die Menschheit nicht selbst lösen kann. Es ist normal, solche Dinge zu erwarten, vor allem wenn man bedenkt, dass eure Besucher größere Fähigkeiten haben als ihr. Allerdings ist ein großer Teil des Problems bei der Interpretation der weit verbreiteten Besuche auf den Willen und den Plan der Besucher selbst zurückzuführen. Denn sie ermutigen die Menschen überall dazu, ihre Anwesenheit hier als uneingeschränkt nützlich für die Menschheit und für ihre Bedürfnisse anzusehen.

◆

„Weshalb seid ihr nicht schon früher gekommen, wenn diese Intervention bereits so weit fortgeschritten ist?"

Zu einem früheren Zeitpunkt, vor vielen Jahren, kamen mehrere Gruppen eurer Verbündeten auf eure Welt für einen Besuch, um zu versuchen, eine Botschaft der Hoffnung zu verkünden, um die Menschheit vorzubereiten. Aber leider konnten ihre Botschaften nicht verstanden werden und wurden von den wenigen, die sie empfangen konnten, missbraucht. Nach deren Ankunft haben sich die Besucher aus den Kollektiven versammelt und sind hier zusammengekommen. Es war uns bewusst, dass dies passieren würde, denn eure Welt ist viel zu wertvoll, um übersehen zu werden und sie existiert, wie wir bereits mitgeteilt haben, nicht in einem abgelegenen und entfernten Teil des Universums. Eure Welt ist bereits seit geraumer Zeit von jenen beobachtet worden, die versuchen würden, sie in ihrem eigenen Interesse zu nutzen.

◆

„Warum können unsere Verbündeten die Intervention nicht aufhalten?"

Wir sind nur hier, um zu beobachten und zu beraten. Die großen Entscheidungen der Menschheit liegen in euren Händen. Niemand sonst kann diese Entscheidungen für euch treffen. Auch eure großen Freunde weit außerhalb eurer Welt würden sich nicht einmischen, denn wenn sie es täten, würde dies einen

Krieg verursachen und eure Welt würde zu einem Schlachtfeld zwischen verfeindeten Kräften werden. Und selbst wenn eure Freunde siegreich sein sollten, würdet ihr vollkommen von ihnen abhängig werden, unfähig, für euch selbst zu sorgen oder eure eigene Sicherheit im Universum zu gewährleisten. Wir kennen keine wohlwollende Rasse, die anstreben würde, eine solche Last auf sich zu nehmen. Und in Wahrheit wäre dies auch nicht zu eurem Vorteil.

Denn ihr würdet zu einem Vasallenstaat einer anderen Macht werden und müsstet aus der Ferne regiert werden. Dies ist keineswegs in eurem Interesse und aus diesem Grund passiert es nicht. Doch die Besucher werden sich euch gegenüber als Retter und Helfer der Menschheit aufspielen. Sie werden eure Naivität ausnutzen. Sie werden eure Erwartungen ausnutzen und sie werden versuchen, euer Vertrauen umfassend für sich zu verwerten.

Daher ist es unser aufrichtiger Wunsch, dass unsere Worte euch als Gegenmittel gegen ihre Anwesenheit und ihre Manipulation und ihren Missbrauch dienen können. Denn eure Rechte werden verletzt. Euer Gebiet wird infiltriert. Eure Regierungen werden überredet. Und eure religiösen Ideologien und Impulse werden umgelenkt.

Es muss hierzu eine Stimme der Wahrheit geben. Und wir können nur darauf vertrauen, dass ihr diese Stimme der Wahrheit empfangen könnt. Wir können nur hoffen, dass die Überredung noch nicht zu weit fortgeschritten ist.

◆

„Was sind realistische Ziele, die wir uns setzen können, und
worauf kommt es an, wenn die Menschheit vor dem Verlust
ihrer Selbstbestimmung bewahrt werden soll?"

Der erste Schritt ist Bewusstsein. Viele Menschen müssen
sich darüber bewusst werden, dass die Erde besucht wird und
dass außerirdische Mächte hier sind, die im Verborgenen tätig
sind, die versuchen, ihre Pläne und Machenschaften vor mensch-
lichem Verständnis zu verstecken. Es muss Klarheit darüber bestehen, dass ihre Anwesenheit eine große Bedrohung für die
menschliche Freiheit und Selbstbestimmung bedeutet. Die Pläne,
die sie verfolgen, und das Pazifizierungsprogramm, das sie durchführen, müssen mit Nüchternheit und Weisheit hinsichtlich ihrer
Gegenwart bekämpft werden. Diese Gegenmaßnahmen müssen
erfolgen. Es gibt bereits heute viele Menschen auf der Welt, die
in der Lage sind, dies zu begreifen. Daher betrifft der erste Schritt
das Bewusstsein.

Der nächste Schritt betrifft die Erziehung. Es ist notwendig,
dass viele Menschen in verschiedenen Kulturen und in verschiedenen Nationen von dem Leben in der Größeren Gemeinschaft
erfahren und zu verstehen beginnen, mit was ihr es zu tun haben
werdet und bereits jetzt zu tun habt.

Realistische Ziele betreffen daher das Bewusstsein und die
Erziehung. Bereits dies würde die Pläne der Besucher auf der
Welt behindern. Sie erfahren bei ihren Aktivitäten derzeit nur
sehr wenig Widerstand. Sie begegnen kaum Hindernissen. All

diejenigen, die in ihnen "Verbündete der Menschheit" sehen möchten, müssen lernen, dass dies nicht der Fall ist. Vielleicht werden unsere Worte nicht ausreichen, aber sie sind ein Anfang.

◆

„Wo können wir diese Erziehung finden?"

Die Erziehung kann in dem Weg der Kenntnis der Größeren Gemeinschaft, der derzeit der Welt dargeboten wird, gefunden werden. Obwohl er ein neues Verständnis über das Leben und die Spiritualität im Universum darlegt, ist er mit allen wahren spirituellen Pfaden verbunden, die auf eurer Welt bereits existieren—spirituelle Pfade, die die menschliche Freiheit und die Bedeutung wahrer Spiritualität hervorheben und Kooperation, Frieden und Harmonie innerhalb der menschlichen Familie würdigen. Daher umfasst die Lehre zum Weg der Kenntnis all die großen Wahrheiten, die bereits auf eurer Welt existieren und verleiht ihnen einen größeren Zusammenhang und eine größere Arena des Ausdrucks. In diesem Sinne ersetzt der Weg der Kenntnis der Größeren Gemeinschaft nicht die Weltreligionen, sondern bietet ihnen einen größeren Kontext, in dem sie wahrhaft sinnvoll und von Bedeutung für eure Zeiten sein können.

◆

„Wie können wir eure Botschaft anderen vermitteln?"

Die Wahrheit lebt in diesem Moment in jedem Menschen. Wenn ihr zur Wahrheit in einer Person sprechen könnt, wird die Wahrheit stärker und beginnt, in Resonanz zu treten. Unsere große Hoffnung, die Hoffnung der Unsichtbaren, der spirituellen Kräfte, die eurer Welt dienen, und die Hoffnung derer, die menschliche Freiheit wertschätzen und euren erfolgreichen Eintritt in die Größere Gemeinschaft erleben möchten, baut auf diese Wahrheit, die in jedem Menschen lebt. Wir können euch dieses Bewusstsein nicht mit Gewalt vermitteln. Wir können es euch nur enthüllen und auf die Größe der Kenntnis vertrauen, die der Schöpfer euch verliehen hat und die euch und andere befähigen kann, hierauf zu reagieren.

◆

„Wo liegen die Stärken der Menschheit bei der Bekämpfung der Intervention?"

Zunächst einmal wissen wir aufgrund der Beobachtung eurer Welt und aus dem, was die Unsichtbaren uns über diejenigen Dinge, die wir nicht sehen können, erzählt haben, dass, obwohl es große Probleme auf der Welt gibt, es noch ausreichend menschliche Freiheit gibt, die euch eine Grundlage für den Widerstand gegen die Intervention bietet. Darin besteht ein Unterschied zu vielen anderen Welten, in denen individuelle Freiheit gar nicht erst geschaffen wurde. Wenn solche Welten in ihrer Mitte fremden Kräften und der Realität des Lebens in der Größeren Gemeinschaft begegnen, besteht für sie kaum Aussicht, jemals Freiheit und Unabhängigkeit zu errichten.

Daher verfügt ihr über eine große Stärke, indem menschliche Freiheit auf eurer Welt bekannt ist und von vielen geschätzt wird, wenn auch vielleicht nicht von allen. Ihr wisst, dass ihr etwas zu verlieren habt. Ihr schätzt das, was ihr bereits habt, in welchem Umfang es auch errichtet worden ist. Ihr wollt nicht von außerirdischen Mächten beherrscht werden. Ihr wollt nicht einmal von menschlichen Autoritäten mit Härte regiert werden. Dies bildet daher einen Ausgangspunkt.

Weil eure Welt zudem reich an spirituellen Traditionen ist, die Kenntnis im Individuum und menschliche Kooperation und Verständigung gefördert haben, wurde die Realität der Kenntnis bereits etabliert. In anderen Welten, in denen Kenntnis erst gar nicht errichtet wurde, besteht kaum eine Aussicht, sie noch am Wendepunkt des Eintritts in die Größere Gemeinschaft zu errichten. Hier ist Kenntnis in ausreichend vielen Menschen stark genug, sodass sie in der Lage sein können, von der Realität des Lebens in der Größeren Gemeinschaft zu erfahren und zu verstehen, was sich derzeit in ihrer Mitte ereignet. Aus eben diesem Grunde sind wir zuversichtlich, denn wir haben Vertrauen in die menschliche Weisheit. Wir vertrauen darauf, dass die Menschen über ihren Egoismus, die ständige Beschäftigung mit sich selbst und ihre Selbstschutzmechanismen hinauswachsen können, um das Leben auf eine größere Art und Weise zu sehen und eine größere Verantwortung im Dienste an ihresgleichen zu verspüren.

Vielleicht ist unser Vertrauen unbegründet, aber wir vertrauen darauf, dass die Unsichtbaren uns diesbezüglich weise beraten haben. Infolgedessen haben wir uns selbst in Gefahr begeben, indem wir uns in der Nähe eurer Welt befinden und jenseits eurer Grenzen Zeugen der Ereignisse sind, die einen unmittelbaren Einfluss auf eure Zukunft und eure Bestimmung haben.

Die Menschheit ist vielversprechend. Ihr habt ein wachsendes Bewusstsein für die Probleme auf der Welt–die mangelnde Kooperation zwischen den Nationen, die Zerstörung eurer natürlichen Umwelt, eure schwindenden Ressourcen und so weiter. Wenn diese Probleme eurem Volk unbekannt wären, wenn diese Realitäten vor eurem Volk so geheim gehalten worden wären, dass die Menschen keine Ahnung von der Existenz dieser Dinge hätten, dann hätten wir nicht so viel Hoffnung. Aber Tatsache bleibt, dass die Menschheit das Potenzial und die Aussicht besitzt, jeder Intervention auf der Welt entgegenzuwirken.

◆

„Wird aus dieser Intervention eine militärische Invasion werden?"

Wie wir bereits mitgeteilt haben, ist eure Welt zu wertvoll, um eine militärische Invasion einzuleiten. Niemand, der eure Welt derzeit besucht, will ihre Infrastruktur oder ihre natürlichen Ressourcen zerstören. Deshalb wollen die Besucher die Menschheit auch nicht vernichten, sondern sie in den Dienst ihrer Kollektive stellen.

Euch droht keine militärische Invasion. Es ist vielmehr die Macht der Beeinflussung und der Überredung. Dies wird noch unterstützt von eurer eigenen Schwäche, von eurem eigenen Egoismus, von eurer Unkenntnis über das Leben in der Größeren Gemeinschaft und von eurem blinden Optimismus bezüglich eurer Zukunft und der Bedeutung des Lebens jenseits eurer Grenzen.

Um dem entgegenzuwirken, bieten wir eine Erziehung und wir sprechen über die Mittel der Vorbereitung, die zu diesem Zeitpunkt auf die Welt gesandt werden. Wenn ihr die menschliche Freiheit nicht schon kennen würdet, wenn ihr euch nicht schon der in eurer Welt vorherrschenden Probleme bewusst wärt, dann hätten wir euch eine solche Vorbereitung nicht anvertrauen können. Und wir würden nicht darauf vertrauen, dass unsere Worte mit der Wahrheit dessen, was ihr wisst, in Resonanz treten würden.

◆

„Könnt ihr die Menschen ebenso stark wie die Besucher beeinflussen, aber zum Guten?"

Es ist nicht unsere Absicht, Individuen zu beeinflussen. Unsere Absicht besteht lediglich darin, das Problem und die Realität, in die ihr eintretet, aufzuzeigen. Die Unsichtbaren stellen die eigentlichen Mittel der Vorbereitung bereit, denn diese kommt vom Schöpfer allen Lebens. Auf diese Weise beeinflussen die Unsichtbaren Individuen zum Guten. Aber es gibt Einschränkungen. Wie wir bereits gesagt haben, ist es eure Selbstbestimmung, die gefestigt werden muss. Es ist eure Macht, die gesteigert werden muss. Es ist eure Kooperation innerhalb der menschlichen Familie, die gefördert werden muss.

Es gibt Grenzen dafür, wie weit wir helfen können. Unsere Gruppe ist klein. Wir befinden uns nicht unter euch. Daher muss das große Verständnis für eure neue Realität von Mensch zu Mensch weitergegeben werden. Es kann euch nicht von einer außerirdischen Macht aufgezwungen werden, selbst wenn es zu eurem eigenen Vorteil wäre. Denn wir würden nicht eure Freiheit und Selbstbestimmung unterstützen, wenn wir ein derartiges Überredungsprogramm durchführen würden. Hier dürft ihr nicht wie Kinder sein. Ihr müsst reif und verantwortungsbewusst werden. Es ist eure Freiheit, die auf dem Spiel steht. Es ist eure Welt, die auf dem Spiel steht. Es ist eure Kooperation miteinander, die erforderlich ist.

Ihr habt jetzt einen großen Anlass, um eure Rasse zu vereinen, denn keiner von euch wird ohne den anderen einen Nutzen haben. Keine Nation wird davon profitieren, wenn irgendeine andere Nation unter außerirdische Kontrolle fällt. Die Freiheit der Menschen muss umfassend sein. Die Zusammenarbeit muss eure gesamte Welt umfassen. Denn alle befinden sich jetzt in der gleichen Situation. Die Besucher bevorzugen nicht eine Gruppe gegenüber einer anderen, eine Rasse gegenüber einer anderen, eine Nation gegenüber einer anderen. Sie suchen nur den Weg des geringsten Widerstandes, um ihre Anwesenheit und ihre Herrschaft über eure Welt zu errichten.

◆

„Wie umfangreich ist die Unterwanderung der Menschheit?"

Die Besucher sind in den am weitesten fortgeschrittenen Län-
dern eurer Welt, vor allem in den europäischen Nationen, Russ-
land, Japan und den Vereinigten Staaten deutlich präsent. Diese
werden als die stärksten Nationen betrachtet, die die größte
Macht und den größten Einfluss besitzen. Darauf werden sich
die Besucher konzentrieren. Allerdings entführen sie Menschen
aus der ganzen Welt, und betreiben ihr Pazifizierungsprogramm
mit all jenen, die sie gefangen nehmen, wenn diese Individuen
auf ihre Beeinflussung ansprechen. Daher sind die Besucher auf
der ganzen Welt anwesend, aber sie konzentrieren sich auf diejenigen, von denen sie hoffen, dass sie ihre Verbündeten werden
können. Dies sind diejenigen Nationen und Regierungen und religiösen Führer, die die größte Macht und den größten Einfluss
über das menschliche Denken und den menschlichen Glauben
ausüben.

◆

„Wie viel Zeit bleibt uns noch?"

Wie viel Zeit euch noch bleibt? Ihr habt etwas Zeit, wie viel
genau, können wir nicht sagen. Aber wir kommen mit einer drin-
genden Botschaft. Dies ist kein Problem, das einfach vermieden
oder geleugnet werden kann. Aus unserer Sicht ist es die wich-
tigste Herausforderung, vor der die Menschheit steht. Es ist die

größte Sorge, die allererste Priorität. Ihr seid in Verzug mit eurer Vorbereitung. Dies wurde durch viele Faktoren verursacht, die außerhalb unserer Kontrolle liegen. Aber es ist noch Zeit, wenn ihr reagieren könnt. Das Ergebnis ist ungewiss und doch besteht noch Hoffnung für euren Erfolg.

◆

„Wie können wir uns auf diese Intervention konzentrieren
angesichts des Umfangs all der anderen globalen Probleme,
die gerade jetzt auftreten?"

Zunächst einmal glauben wir, dass es keine anderen Probleme auf der Welt gibt, die so wichtig sind wie dieses. Aus unserer Sicht wird alles, was ihr selbst lösen könnt, in der Zukunft nur wenig Bedeutung haben, wenn eure Freiheit verloren geht. Was könnt ihr hoffen, zu gewinnen? Was könnt ihr hoffen, zu erreichen oder zu bewahren, wenn ihr in der Größeren Gemeinschaft nicht frei seid? All eure Errungenschaften würden euren neuen Verwaltern übertragen werden, euer gesamtes Vermögen würde ihnen gegeben werden. Und obwohl eure Besucher nicht grausam sind, sind sie vollständig ihren Plänen verpflichtet. Ihr werdet nur insoweit geschätzt, als ihr ihren Zwecken dienlich sein könnt. Aus diesem Grund glauben wir nicht, dass es irgendwelche anderen Probleme für die Menschheit gibt, die ebenso wichtig sind wie dieses.

◆

„Wer wird voraussichtlich auf diese Situation reagieren?"

Zur Frage, wer reagieren kann, ist zu sagen, dass es heutzutage bereits zahlreiche Menschen auf der Welt gibt, die ein inneres Wissen über die Größere Gemeinschaft besitzen und sensibel auf sie reagieren. Es gibt viele andere, die von den Besuchern bereits entführt wurden, die ihnen aber weder nachgegeben haben noch ihrer Überredung erlegen sind. Und es gibt zahlreiche andere, die über die Zukunft der Welt besorgt sind und die aufgrund der Gefahren, vor denen die Menschheit steht, alarmiert sind. Menschen in allen oder jeder dieser drei Kategorien können unter den ersten sein, die auf die Realität der Größeren Gemeinschaft und auf die Vorbereitung der Größeren Gemeinschaft reagieren. Sie können aus allen Lebensbereichen kommen, aus jeder Nation, mit jedem religiösen Hintergrund oder aus jeder wirtschaftlichen Gruppierung. Sie befinden sich buchstäblich auf der ganzen Welt. Auf sie und auf ihre Reaktion sind die großen Spirituellen Mächte, die das menschliche Wohlergehen überwachen und beschützen, angewiesen.

◆

„Ihr erwähnt, dass Individuen auf der ganzen Welt entführt werden. Wie können Menschen sich selbst oder andere davor schützen, entführt zu werden?"

Je stärker ihr mit Kenntnis und je bewusster ihr euch der Anwesenheit der Besucher werden könnt, desto weniger werdet ihr ein begehrenswertes Zielobjekt für ihre Forschung und Manipulation sein. Je mehr ihr eure Begegnungen mit *ihnen* dazu nutzt, um einen Einblick in sie zu gewinnen, desto mehr werdet ihr zu einer Gefahr. Wie wir bereits gesagt haben, suchen sie den Weg des geringsten Widerstandes. Sie wollen Individuen, die gefügig und willensschwach sind. Sie wollen diejenigen, die ihnen nur wenig Probleme und geringe Sorge bereiten.

Doch wenn ihr stark mit Kenntnis werdet, werdet ihr euch ihrer Kontrolle entziehen, weil sie jetzt euren Verstand oder euer Herz nicht mehr gefangen nehmen können. Und mit der Zeit werdet ihr die Wahrnehmungsfähigkeit erlangen, um in ihren Verstand zu sehen, was sie nicht wollen. Dann werdet ihr für sie zu einer Gefahr, zu einer Herausforderung, und wenn sie können, werden sie euch meiden.

Die Besucher wollen nicht enthüllt werden. Sie wünschen keinen Konflikt. Sie sind sehr zuversichtlich, dass sie ihre Ziele ohne ernsthaften Widerstand seitens der menschlichen Familie erreichen können. Aber sobald ein solcher Widerstand geleistet wird, sobald die Macht der Kenntnis im Individuum erwacht, werden die Besucher vor einem viel gewaltigeren Hindernis stehen. Ihre Intervention hier wird vereitelt und schwerer zu erreichen sein. Und es wird schwieriger werden, diejenigen zu überreden, die an der Macht sind. Das, worauf es hierbei ankommt, sind daher eine entschiedene Antwort und das Bekenntnis des Einzelnen zur Wahrheit.

Werdet euch der Gegenwart der Besucher bewusst. Verfallt nicht dem Glauben, dass ihre Anwesenheit hier einen spirituellen Grund hat oder dass sie einen großen Vorteil oder die Erlösung für die Menschheit mit sich bringt. Widersteht diesem Überredungsversuch. Erlangt eure eigene innere Autorität, die große Gabe, die der Schöpfer euch gegeben hat. Werdet für jeden, der eure grundlegenden Rechte beeinträchtigt oder sie euch vorenthält, zu einer Macht, mit der gerechnet werden muss.

Dies ist der Ausdruck Spiritueller Macht. Es ist der Wille des Schöpfers, dass die Menschheit, in sich selbst geeint und frei von außerirdischer Intervention und Dominanz, in die Größere Gemeinschaft eintreten soll. Es ist der Wille des Schöpfers, dass ihr euch auf eine Zukunft vorbereiten sollt, die vollkommen anders als eure Vergangenheit sein wird. Wir sind hier im Dienste am Schöpfer, und daher dienen unsere Anwesenheit und unsere Worte diesem Zweck.

◆

„Falls die Besucher auf Widerstand bei der Menschheit oder bei bestimmten Individuen stoßen, werden sie dann in noch größerer Zahl kommen oder werden sie uns verlassen?"

Ihre Anzahl ist nicht groß. Sollten sie auf erheblichen Widerstand stoßen, würden sie sich zurückziehen und neue Pläne ausarbeiten müssen. Sie sind jedoch vollkommen zuversichtlich, dass ihre Mission ohne ernsthafte Hindernisse erfüllt werden kann. Sollten jedoch ernsthafte Hindernisse auftreten, so würde ihre Intervention und ihre Überredung vereitelt werden, und sie müssten andere Möglichkeiten finden, Kontakt mit der Menschheit herzustellen.

Wir vertrauen darauf, dass die menschliche Familie genügend Widerstand und genügend Konsens aufbringen kann, um diesen Einflüssen entgegenzuwirken. Hierauf gründen wir unsere Hoffnung und unsere Bemühungen.

◆

„Was sind die wichtigsten Fragen, die wir uns selbst und anderen im Hinblick auf dieses Problem der außerirdischen Einmischung stellen müssen?"

Vielleicht sind die wichtigsten Fragen, die ihr euch stellen müsst: "Sind wir Menschen allein im Universum oder auf unserer eigenen Welt? Werden wir derzeit besucht? Ist dieser Besuch vorteilhaft für uns? Müssen wir uns vorbereiten?"

Dies sind sehr grundlegende Fragen, aber sie müssen gestellt werden. Es gibt jedoch viele Fragen, die nicht beantwortet werden können, denn ihr wisst nicht genug über das Leben in der Größeren Gemeinschaft und besitzt noch nicht die Zuversicht, dass ihr über die Fähigkeit verfügt, diesen Einflüssen entgegenzuwirken. Es gibt viele Dinge, die der menschlichen Erziehung fehlen, die vorrangig auf die Vergangenheit gerichtet ist. Die Menschheit tritt jetzt aus einem langen Zustand der relativen Isolation heraus. Ihre Erziehung, ihre Werte und ihre Institutionen sind allesamt in diesem Zustand der Isolation gebildet worden. Doch eure Isolation ist jetzt vorbei, und zwar für immer. Es war immer bekannt, dass dies einmal geschehen würde. Es war unvermeidlich, dass dies der Fall sein würde. Daher treten eure Erziehung und eure

Werte jetzt in einen neuen Kontext ein, an den sie sich anpassen müssen. Und diese Anpassung muss aufgrund der Art und Weise der Intervention in der Welt von heute schnell erfolgen.

Es wird viele Fragen geben, die ihr nicht beantworten könnt. Ihr werdet mit ihnen leben müssen. Eure Erziehung über die Größere Gemeinschaft steht noch ganz am Anfang. Ihr müsst euch ihr mit großer Nüchternheit und Vorsicht nähern. Ihr müsst euren inneren Neigungen, zu versuchen, die Situation angenehm oder beruhigend darzustellen, entgegenwirken. Ihr müsst eine Objektivität gegenüber dem Leben entwickeln, und ihr müsst über eure eigene persönliche Interessensphäre hinaus blicken, um auf die größeren Kräfte und Ereignisse, die derzeit eure Welt und eure Zukunft gestalten, reagieren zu können.

◆

„Was ist, wenn nicht genügend Menschen hierauf reagieren können?"

Wir sind zuversichtlich, dass genügend Menschen reagieren und ihre große Erziehung über das Leben in der Größeren Gemeinschaft in Angriff nehmen können, um der menschlichen Familie Hoffnung und eine vielversprechende Zukunft zu geben. Falls dies nicht erreicht werden kann, dann werden sich diejenigen, die ihre Freiheit schätzen und die diese Erziehung besitzen, zurückziehen müssen. Sie werden Kenntnis auf der Welt lebendig halten müssen, während die Welt unter vollständige Kontrolle fällt. Dies ist eine sehr schwerwiegende Alternative und doch ist sie auf anderen Welten eingetreten. Der Weg aus einer solchen Lage zurück zur Freiheit ist sehr schwierig. Wir hoffen, dass dies nicht euer Schicksal sein wird und deshalb sind wir hier und geben euch diese Informationen. Wie wir bereits mitgeteilt haben, gibt es genügend Menschen auf der Welt, die hierauf reagieren können, um die Absichten der Besucher zu bekämpfen und ihren Einfluss auf menschliche Angelegenheiten und menschliche Werte zu vereiteln.

◆

„Ihr sprecht von anderen Welten, die derzeit ebenfalls in die Größere Gemeinschaft eintreten. Könnt ihr über Erfolge und Misserfolge berichten, die von Bedeutung für unsere Situation sein könnten?

Es gab Erfolge, sonst wären wir nicht hier. In meinem Fall, als Sprecher unserer Gruppe, war unsere Welt bereits stark unterwandert, bevor wir die wirkliche Situation erkannten. Unsere Erziehung wurde durch die Ankunft einer Gruppe so wie die unsrige angestoßen, die uns einen Einblick in unsere Situation und Informationen darüber lieferte. Fremde Ressourcenhändler waren auf unserer Welt, die mit unserer Regierung verhandelten. Diejenigen, die damals an der Macht waren, wurden überredet, dass Handel und Gewerbe vorteilhaft für uns wären, denn wir waren dabei, unsere Ressourcen zu erschöpfen. Obwohl unsere Rasse im Gegensatz zu eurer in sich geeint war, begannen wir, völlig abhängig von der neuen Technologie zu werden und all den Möglichkeiten, die uns vorgestellt wurden. Und doch, als dies geschah, gab es eine Verschiebung im Gefüge der Macht. Wir wurden zu Abnehmern. Die Besucher wurden zu Anbietern. Im Laufe der Zeit wurden uns Bedingungen und Einschränkungen auferlegt, zunächst auf subtile Weise.

Unsere religiöse Ausrichtung und unsere Überzeugungen wurden ebenfalls von den Besuchern beeinflusst, die zwar Interesse an unseren geistigen Werten zeigten, die uns aber ein neues Verständnis vermitteln wollten, ein Verständnis, dessen Grundlage das Kollektiv ist, das auf der Kooperation des Verstandes aller basiert, die im Einklang miteinander gleich denken. Dies wurde unserer Rasse als Ausdruck von Spiritualität und Erfolg vorgestellt. Einige wurden hierzu überredet, aber weil wir von unseren Verbündeten jenseits unserer Welt, Verbündeten wie wir selbst, gut beraten wurden, haben wir begonnen, eine Widerstandsbewegung in Gang zu setzen und im Laufe der Zeit konnten wir die Besucher zwingen, unserer Welt zu verlassen.

Seit dieser Zeit haben wir viel über die Größere Gemeinschaft gelernt. Der Handel, den wir betreiben, ist sehr selektiv und erfolgt nur mit wenigen anderen Nationen. Wir sind in der Lage gewesen, die Kollektive zu meiden und das hat unsere Freiheit bewahrt. Und doch war unser Erfolg schwer erkämpft, denn viele von uns mussten im Zuge dieses Konflikts sterben. Unsere Geschichte ist eine Erfolgsgeschichte, aber sie verlief nicht ohne Verluste. Es gibt andere in unserer Gruppe, die ähnliche Schwierigkeiten bei ihren eigenen Begegnungen mit intervenierenden Kräften in der Größeren Gemeinschaft erlebt haben. Aber weil wir schließlich gelernt haben, über unsere Grenzen hinaus zu reisen,

konnten wir Allianzen untereinander schließen. Wir konnten erfahren, was Spiritualität in der Größeren Gemeinschaft bedeutet.
Und die Unsichtbaren, die unserer Welt ebenfalls dienen, halfen
uns in diesem Zusammenhang dabei, den großen Übergang aus
der Isolation in das Bewusstsein der Größeren Gemeinschaft zu
bewältigen.

Doch es gab auch zahlreiche Misserfolge, die uns bekannt
sind. Kulturen, in denen die indigenen Völker keine persönliche
Freiheit begründet oder die Früchte der Kooperation nie ge-
schmeckt hatten, auch wenn sie technologisch fortgeschritten
waren, keine Grundlage besaßen, um ihre eigene Unabhängigkeit
im Universum zu sichern. Ihre Fähigkeit, den Kollektiven zu widerstehen, war sehr begrenzt. Verleitet durch das Versprechen
von noch mehr Macht, noch mehr Technologie und noch mehr
Wohlstand und verleitet durch die scheinbaren Vorteile des Handels in der Größeren Gemeinschaft, verlagerte sich ihr Macht-
zentrum fort aus ihrer Welt. Am Ende wurden sie vollkommen
abhängig von denjenigen, die sie versorgten und die die Kontrolle
über ihre Ressourcen und ihre Infrastruktur errangen.

Sicherlich könnt ihr euch vorstellen, wie dies geschehen sein
konnte. Wie eure Geschichte zeigt, habt ihr sogar auf eurer eigenen Welt gesehen, wie kleinere Nationen unter die Herrschaft
von größeren gefallen sind. Ihr könnt dies sogar heute noch beobachten. Daher sind euch diese Gedanken nicht völlig fremd.
In der Größeren Gemeinschaft, ebenso wie in eurer Welt, werden
die Starken, falls sie können, stets die Schwachen dominieren.
Dies ist eine Realität des Lebens, die überall gilt. Und aus diesem
Grund fördern wir euer Bewusstsein und eure Vorbereitung, da-

mit ihr stark werden könnt und eure Selbstbestimmung wachsen kann.

Es könnte eine schwere Enttäuschung für viele bedeuten, zu erkennen und zu erfahren, dass Freiheit im Universum selten ist. Wenn Nationen stärker und zunehmend technologisch geprägt werden, erfordern sie eine immer stärkere Einheitlichkeit und Gefügigkeit ihrer Völker. Wenn sie hinaus in die Größere Gemeinschaft streben und sich an Geschäften in der Größeren Gemeinschaft beteiligen, nimmt die Toleranz für individuellen Ausdruck bis zu dem Punkt ab, an dem große Nationen, die über Reichtum und Macht verfügen, mit einer solchen Strenge und harten Haltung regiert werden, die ihr abscheulich finden würdet.

Hier müsst ihr lernen, dass technologischer Fortschritt und spiritueller Fortschritt nicht das gleiche sind, dies ist eine Lektion, die die Menschheit erst noch zu lernen hat und die ihr lernen *müsst*, wenn ihr eure natürliche Weisheit in diesen Angelegenheiten ausüben wollt.

Eure Welt wird sehr geschätzt. Sie ist biologisch reich. Ihr sitzt auf einer Trophäe, die ihr schützen müsst, wenn ihr ihre Verwalter und ihre Nutznießer sein wollt. Schaut euch jene Völker auf eurer Welt an, die ihre Freiheit verloren haben, weil sie an einem Ort lebten, der von anderen als wertvoll erachtet wurde. Jetzt ist es die gesamte menschliche Familie, die auf diese Weise bedroht ist.

◆

*„Wenn die Besucher so geschickt darin sind, Gedanken zu
projizieren und die mentale Umgebung der Menschen zu
beeinflussen, wie können wir dann überhaupt sicherstellen,
dass das, was wir sehen, wirklich real ist?"*

Die einzige Grundlage für eine weise Wahrnehmung bietet
nur die Kultivierung von Kenntnis. Wenn ihr nur das glaubt,
was ihr seht, dann werdet ihr nur das glauben, was euch gezeigt
wird. Uns wurde mitgeteilt, dass es viele gibt, die eine solche
Sichtweise vertreten. Aber wir haben gelernt, dass die Weisen
überall eine größere Sichtweise und ein größeres Urteilsvermögen
erlangen müssen. Es ist wahr, dass eure Besucher Bilder eurer
Heiligen und eurer religiösen Gestalten projizieren können. Obwohl dies nicht oft praktiziert wird, kann es mit Sicherheit dazu
benutzt werden, ein Bekenntnis sowie eine Hingabe bei denen
hervorzurufen, die bereits solchen Glaubensvorstellungen zuge-
neigt sind. Hier bildet eure Spiritualität eine Schwachstelle, an
der Weisheit angewandt werden muss.

Doch der Schöpfer hat euch Kenntnis als Fundament eines
wahren Urteilsvermögen gegeben. Ihr könnt wissen, was ihr seht,
wenn ihr euch fragt, ob es real ist. Doch um hierzu in der Lage
zu sein, müsst ihr dieses Fundament besitzen, und deshalb ist
die Lehre zum Weg der Kenntnis so grundlegend für das Erlernen
der Spiritualität der Größeren Gemeinschaft. Ohne dies werden
die Menschen stets das glauben, was sie glauben wollen und
sie werden sich auf das verlassen, was sie sehen und was ihnen

gezeigt wird. Und ihr Potenzial für Freiheit wird bereits verloren sein, denn es war ihr niemals gestattet, zu gedeihen.

◆

„Ihr sprecht davon, Kenntnis lebendig zu halten. Wie viele Menschen werden erforderlich sein, um Kenntnis auf der Welt lebendig zu halten?"

Wir können euch keine Zahl nennen, aber sie muss groß genug sein, um eine Stimme in euren eigenen Kulturen zu erzeugen. Wenn diese Botschaft nur von einigen wenigen empfangen werden kann, werden sie diese Stimme oder diese Stärke nicht besitzen. Sie müssen hier ihre Weisheit weitergeben. Sie kann nicht nur für ihre eigene Erbauung verwendet werden. Viele andere mehr müssen von dieser Botschaft erfahren, noch viel mehr als heute.

◆

„Ist es gefährlich, diese Botschaft zu präsentieren?"

Es besteht immer eine Gefahr, wenn die Wahrheit präsentiert wird, nicht nur auf eurer Welt, sondern auch anderswo. Menschen ziehen Vorteile aus den Umständen, so wie sie derzeit existieren. Die Besucher werden denjenigen an der Macht, die für sie empfänglich sind und die nicht in der Kenntnis gefestigt sind, Vorteile anbieten. Jene Menschen gewöhnen sich an diese Vorteile und errichten auf ihnen ihr Leben. Dies macht sie widerspenstig oder sogar feindselig gegen jede Darlegung der Wahrheit, die an ihre Verantwortung im Dienste an andere appelliert und die die Grundlage ihres Reichtums und ihrer Errungenschaften bedrohen kann.

Deshalb bleiben wir im Verborgenen und befinden uns nicht auf eurer Welt. Die Besucher würden uns gewiss vernichten, wenn sie uns finden könnten. Aber auch die Menschheit könnte versuchen, uns zu vernichten, wegen der Herausforderungen der neuen Realität, die wir demonstrieren. Nicht jeder ist bereit, die Wahrheit zu empfangen, selbst wenn sie dringend benötigt wird.

◆

Können Individuen, die stark mit Kenntnis sind, die Besucher beeinflussen?

Die Erfolgsaussichten hierfür sind sehr begrenzt. Ihr habt es mit einem Kollektiv von Wesen zu tun, die gezüchtet worden sind, um gefügig zu sein, deren ganzes Leben und gesamte Erfahrung von einer kollektiven Denkweise umgeben und hervorgebracht worden sind. Sie denken nicht selbstständig. Aus diesem Grund glauben wir nicht, dass ihr sie beeinflussen könnt. Es gibt nur wenige unter der menschlichen Familie, die die Stärke besitzen, dies zu tun, und selbst da wären die Erfolgsaussichten sehr begrenzt. Daher muss die Antwort "Nein" lauten. Ihr könnt sie praktisch gesehen nicht für euch gewinnen.

◆

„Wie unterscheiden sich Kollektive von einer geeinten
Menschheit?"

Kollektive setzen sich aus verschiedenen Rassen und aus
denjenigen zusammen, die gezüchtet werden, um diesen Rassen zu dienen. Viele der Wesen, denen ihr auf der Welt
begegnet, werden von Kollektiven als Handlanger gezüchtet.
Ihr genetisches Erbe ist ihnen seit langem abhanden gekommen. Sie werden gezüchtet, um zu dienen, so wie ihr Tiere
züchtet, damit sie euch dienen. Demgegenüber ist die menschliche Kooperation, die wir unterstützen, eine Kooperation, die
die Selbstbestimmung der Individuen bewahrt und eine Position der Stärke schafft, aus der heraus die Menschheit mit
anderen in Beziehung treten kann, nicht nur mit den Kollektiven, sondern auch mit anderen, die eure Ufer in Zukunft noch
besuchen werden.

Ein Kollektiv basiert nur auf einem Glauben, nur einem Re-
gelwerk und nur einer Autorität. Die Betonung liegt auf der vollkommenen Ergebenheit einer Vorstellung oder einem Ideal. Dies
wird nicht nur durch die Erziehung eurer Besucher hervorgebracht, sondern auch durch ihren genetischen Kode. Deshalb
verhalten sie sich so, wie sie es tun. Dies ist sowohl ihre Stärke
als auch ihre Schwäche. Sie verfügen über eine große Stärke in
der mentalen Umgebung, weil ihr Verstand vereint ist. Aber sie
sind schwach, weil sie nicht eigenständig denken können. Sie
können mit Komplexitäten oder Schwierigkeiten nicht sehr erfolg-

reich umgehen. Ein Mann oder eine Frau der Kenntnis wäre für sie unverständlich.

Die Menschheit muss sich vereinen, um ihre Freiheit zu bewahren, aber das ist etwas ganz anderes als die Schaffung eines Kollektivs. Wir nennen sie "Kollektive", weil sie Kollektive aus verschiedenen Rassen und Nationalitäten sind. Kollektive bestehen nicht aus einer einzigen Rasse. Obwohl es zahlreiche Rassen in der Größeren Gemeinschaft gibt, die von einer dominanten Autorität beherrscht werden, ist ein Kollektiv eine Organisation, die über die Treue nur einer Rasse zu ihrer eigenen Welt hinausreicht.

Kollektive können über große Macht verfügen. Doch weil es viele Kollektive gibt, neigen sie dazu, untereinander zu konkurrieren, wodurch verhindert wird, dass eines von ihnen dominant wird. Außerdem führen verschiedene Nationen in der Größeren Gemeinschaft langjährige Streitigkeiten untereinander, die nur schwer zu überbrücken sind. Vielleicht haben sie lange Zeit um die gleichen Ressourcen konkurriert. Vielleicht konkurrieren sie untereinander, um die Ressourcen, die sie besitzen, zu verkaufen. Doch ein Kollektiv ist etwas ganz anderes. Wie wir euch hier erklären, basieren sie nicht auf einer einzigen Rasse und einer einzigen Welt. Sie sind das Ergebnis von Eroberung und Herrschaft. Deshalb umfassen eure Besucher verschiedene Rassen von Wesen auf verschiedenen Ebenen von Autorität und Befehlsgewalt.

◆

„Konnten andere Welten, die sich erfolgreich vereint haben, ihre individuelle Freiheit des Denkens aufrechterhalten?"

In unterschiedlichem Umfang. Einige in einem sehr hohen Grad, andere weniger, je nach ihrer Geschichte, ihrer psychologischen Beschaffenheit und den Bedürfnissen ihres eigenen Überlebens. Euer Leben auf der Welt ist vergleichsweise einfach gewesen, im Vergleich zu Orten, an denen sich andere Rassen entwickelt haben. Die meisten Orte, in denen intelligentes Leben existiert, wurden besiedelt, denn es gibt nicht viele terrestrische Planeten wie den euren, der eine solche Fülle von biologischen Ressourcen bereithält. Ihre Freiheit hing zu einem großen Teil von dem Reichtum ihrer jeweiligen Umwelt ab. Aber sie alle sind erfolgreich darin gewesen, fremde Infiltrationen zu vereiteln und sie haben ihre eigenen Wege für Handel, Gewerbe und Kommunikation auf Grundlage ihrer eigenen Selbstbestimmung errichtet. Dies ist eine seltene Errungenschaft, die verdient und geschützt werden muss.

◆

„Was ist erforderlich, damit menschliche Einheit erreicht werden kann?"

Die Menschheit ist in der Größeren Gemeinschaft sehr verwundbar. Diese Verwundbarkeit kann im Laufe der Zeit eine grundlegende Kooperation innerhalb der menschlichen Familie fördern, denn ihr müsst euch zusammenschließen und vereinen, um zu überleben und voranzuschreiten. Dies ist Bestandteil des Bewusstseins der Größeren Gemeinschaft. Wenn dies auf den Prinzipien der menschlichen Kooperation, Freiheit und Selbstentfaltung basiert, dann kann eure Selbstversorgung sehr stabil und sehr reichhaltig sein. Aber es muss eine größere Zusammenarbeit auf der Welt geben. Die Menschen können nicht für sich allein leben oder ihre persönlichen Ziele über die Bedürfnisse aller anderen stellen. Manche mögen dies als Verlust von Freiheit betrachten. Wir betrachten es als eine Garantie für zukünftige Freiheit. Denn auf der Grundlage der derzeitigen Einstellung, die heutzutage auf eurer Welt so weit verbreitet ist, wäre eure zukünftige Freiheit nur mit Schwierigkeiten zu sichern oder aufrechtzuerhalten. Gebt daher Acht. Diejenigen, die von ihren eigenen Egoismen angetrieben werden, sind die perfekten Kandidaten für außerirdische Beeinflussung und Manipulation. Wenn sie Machtpositionen besetzen, werden sie den Reichtum ihrer Nation, die Freiheit ihrer Nation und die Ressourcen ihrer Nation bereitwillig hergeben, um Vorteile für sich selbst zu erlangen.

Daher ist eine stärkere Zusammenarbeit erforderlich. Dies könnt ihr ganz sicher erkennen. Dies ist sicherlich auch in eurer eigenen Welt offenkundig. Aber dies unterscheidet sich sehr von dem Leben eines Kollektivs, wo Rassen beherrscht und kontrolliert worden sind und wo jene, die gefügig sind, den Kollektiven einverleibt werden, während jene, die es nicht sind, ausgegrenzt oder vernichtet werden. Sicherlich kann ein solches Gemeinwesen, selbst wenn es einen erheblichen Einfluss besitzt, nicht von Vorteil für dessen Mitglieder sein. Und doch ist dies der Weg, den viele in der Größeren Gemeinschaft eingeschlagen haben. Wir wollen nicht mitansehen, wie die Menschheit in eine solche Organisation gerät. Das wäre eine große Tragödie und ein Verlust.

◆

„Wodurch unterscheidet sich die menschliche Sichtweise von der euren?"

Einer der Unterschiede ist, dass wir eine Sichtweise der Größeren Gemeinschaft entwickelt haben, die eine weniger egozentrische Art ist, die Welt zu betrachten. Es ist eine Sichtweise, die große Klarheit verleiht und die große Gewissheit über all die kleineren Probleme verschaffen kann, denen ihr in euren täglichen Angelegenheiten gegenübersteht. Wenn ihr ein großes Problem lösen könnt, dann könnt ihr auch kleinere lösen. Ihr habt ein großes Problem. Jeder Mensch auf der Welt steht vor diesem großen Problem. Es kann euch vereinen und euch in die Lage versetzen, eure langjährigen Differenzen und Konflikte zu überwinden. Es ist derart groß und derart mächtig. Deshalb sagen wir, dass sich eine Möglichkeit für Erlösung durch genau die Umstände bietet, die jetzt euer Wohlbefinden und eure Zukunft bedrohen.

Wir wissen, dass die Macht der Kenntnis im Individuum dieses mit all seinen Beziehungen auf eine höhere Ebene der Errungenschaft, der Anerkennung und der Fähigkeit heben kann. Ihr müsst dies für euch selbst entdecken.

Unsere Leben sind sehr unterschiedlich. Einer der Unterschiede besteht darin, dass unser Leben dem Dienst gewidmet ist, einem Dienst, zu dem wir uns entschieden haben. Wir haben die Freiheit, zu wählen, und daher ist unsere Wahl real und sinnvoll und basiert auf unserem eigenen Verständnis. In unserer Gruppe sind Vertreter aus verschiedenen Welten. Wir sind im Dienste an der Menschheit zusammengekommen. Wir vertreten ein größeres Bündnis, das mehr spiritueller Natur ist.

◆

„Diese Botschaft wird durch einen einzigen Mann vermittelt. Warum kontaktiert ihr nicht jeden, wenn dies so wichtig ist?"

Es ist lediglich eine Frage der Effizienz. Wir bestimmen nicht, wer erwählt wird, uns zu empfangen. Das ist eine Angelegenheit der Unsichtbaren, derjenigen, die ihr zu Recht als "Engel" bezeichnen könntet. Wir denken über sie auf diese Weise. Sie haben dieses Individuum ausgewählt, ein Individuum, das keine Position auf der Welt besitzt, das auf der Welt nicht anerkannt wird, ein Individuum, das wegen seiner Eigenschaften und wegen seines Erbes in der Größeren Gemeinschaft ausgewählt worden ist. Wir freuen uns, jemanden zu haben, durch den wir sprechen können. Wenn wir durch mehrere sprechen würden, würden sie vielleicht einander widersprechen und die Botschaft würde verwirrt werden und verlorengehen.

Wir wissen durch unsere eigene Rolle als Schüler, dass spirituelle Weisheiten in der Regel durch einen einzigen mit Unterstützung durch andere übermittelt werden. Diese Person muss die Last und die Bürde und das Risiko tragen, auf diese Weise auserwählt worden zu sein. Wir respektieren ihn dafür, dass er dies tut und wir wissen, was für eine Belastung dies sein kann. Dies wird möglicherweise falsch verstanden werden, und deshalb müssen die Weisen verborgen bleiben. Wir müssen verborgen bleiben. Er muss verborgen bleiben. Auf diese Weise kann die Botschaft gegeben werden und der Bote kann bewahrt werden. Denn es wird Feindseligkeit gegen diese Botschaft geben. Die Besucher werden sich ihr entgegenstellen und stellen sich ihr bereits jetzt entgegen. Ihr Widerstand kann bedeutend sein, wird aber in erster Linie gegen den Boten selbst gerichtet werden. Aus diesem Grund muss der Bote geschützt werden.

Wir wissen, dass die Antworten auf diese Fragen nur noch mehr Fragen aufwerfen werden. Und viele von ihnen können nicht beantwortet werden, vielleicht sogar für eine geraume Zeit. Die Weisen überall müssen mit Fragen leben, die sie noch nicht beantworten können. Aber durch ihre Geduld und ihre Beharrlichkeit treten echte Antworten hervor und sie sind imstande, diese zu erfahren und zu verkörpern.

Die Menschheit steht vor einem Neubeginn. Sie ist mit einer ernsten Situation konfrontiert. Die Notwendigkeit für eine gänzlich neue Art von Erziehung und ein neues Verständnis ist überwältigend. Wir sind einem Aufruf der Unsichtbaren gefolgt und sind gekommen, um diesem Bedürfnis nachzukommen. Sie vertrauen darauf, dass wir unsere Weisheit weitergeben, denn auch wir leben im physischen Universum, genauso wie ihr. Wir sind keine Engelswesen. Wir sind nicht perfekt. Wir haben keine großen Höhen des spirituellen Bewusstseins und der spirituellen Errungenschaft erklommen. Und gerade deshalb glauben wir, dass unsere Botschaft für euch über die Größere Gemeinschaft umso relevanter sein wird und leichter empfangen werden kann. Die Unsichtbaren wissen viel mehr als wir über das Leben im Universum und über die zahlreichen Ebenen der Entwicklung und der Errungenschaft, die erreicht werden können und die an zahlreichen Orten praktiziert werden. Und dennoch haben sie uns dazu aufgerufen, über die Realität des physischen Lebens zu berichten, weil wir darin so vollkommen eingebunden sind. Und wir haben durch unsere eigenen Versuche und

Irrtümer die Relevanz und die Bedeutung dessen gelernt, was wir mit euch teilen.

Daher kommen wir als Verbündete der Menschheit, denn dies sind wir. Seid dankbar, dass ihr Verbündete habt, die euch helfen können, die euch erziehen können und die eure Stärke, eure Freiheit und eure Errungenschaften unterstützen können. Denn ohne diese Hilfe bestünde für euch nur wenig Aussicht, die außerirdische Unterwanderung, die ihr derzeit erlebt, überhaupt zu überleben. Ja, es würde zwar ein paar wenige Menschen geben, die die Situation, so wie sie tatsächlich vorhanden ist, erkennen würden, aber ihre Anzahl wäre nicht groß genug und ihre Stimmen würden ungehört verhallen.

In dieser Angelegenheit können wir euch nur um euer Vertrauen bitten. Wir hoffen, dass wir durch die Weisheit unserer Worte und durch die Möglichkeiten, die ihr bekommt, ihre Bedeutung und ihre Relevanz zu erkennen, dieses Vertrauen im Laufe der Zeit gewinnen können, denn ihr habt Verbündete in der Größeren Gemeinschaft. Ihr habt gute Freunde jenseits dieser Welt, die die Herausforderungen, vor denen ihr jetzt steht, bereits selbst durchlitten haben und hierbei erfolgreich gewesen sind. Weil wir selbst unterstützt wurden, müssen wir jetzt andere unterstützen. Das ist unser heiliger Bund. Diesem Bund fühlen wir uns fest verpflichtet.

DIE LÖSUNG

◆

IM KERN

GEHT ES BEI DER BEWÄLTIGUNG DER INTERVENTION

NICHT UM TECHNOLOGIE, POLITIK ODER

MILITÄRISCHE GEWALT.

E s geht um die Erneuerung des menschlichen Geistes.

Es geht darum, dass die Menschen sich der Intervention bewusst werden und sich gegen sie aussprechen.

Es geht darum, die Ausgrenzung und den Spott zu beenden, der die Menschen davon abhält, das zu bekunden, was sie sehen und wissen.

Es geht darum, Angst, Vermeidungsverhalten, Einbildung und Täuschung zu überwinden.

Es geht darum, dass die Menschen stark, bewusst und handlungsfähig werden.

Die Verbündeten der Menschheit erteilen uns den entscheidenden Rat, der uns in die Lage versetzt, die Intervention zu erkennen und ihren Einflüssen entgegenzuwirken. Hierzu fordern die Verbündeten uns auf, die uns angeborene Intelligenz und unser Recht, unser Schicksal als freie Rasse in der Größeren Gemeinschaft zu bestimmen, wahrzunehmen.

E s ist Zeit, damit zu beginnen.

ES GIBT EINE NEUE HOFFNUNG
AUF DER WELT

Hoffnung wird auf der Welt durch jene, die stark mit Kenntnis werden, laufend neu entfacht. Hoffnung kann verblassen und dann wieder neu entflammen. Sie kann scheinbar kommen und gehen, je nachdem, wie die Menschen beeinflusst werden und wofür sie sich entscheiden. Hoffnung ist stets bei euch. Dass die Unsichtbaren hier sind, bedeutet noch nicht, dass es auch Hoffnung gibt, denn ohne euch gäbe es keine Hoffnung. Denn ihr und andere, die wie ihr sind, bringen eine neue Hoffnung auf die Welt, weil ihr derzeit lernt, das Geschenk der Kenntnis zu empfangen. Dies bringt eine neue Hoffnung auf die Welt. Vielleicht könnt ihr dies in diesem Moment noch nicht vollständig begreifen. Vielleicht scheint es jenseits eures Verständnisses zu liegen. Aber aus einer größeren Perspektive betrachtet, ist es uneingeschränkt wahr und von großer Bedeutung.

Der Eintritt der Welt in die Größere Gemeinschaft ruft hierzu auf, denn wenn sich niemand auf die Größere Gemeinschaft vorbereiten würde, nun, dann würde die Hoffnung scheinbar verblassen. Und das Schicksal der Menschheit erschiene vollkommen vorhersehbar. Aber weil es Hoffnung auf der Welt gibt, weil es Hoffnung in euch und in anderen gibt, die wie ihr sind, die dem Ruf einer größeren Bestimmung folgen, besitzt das Schicksal der Menschheit eine größere Verheißung und die Freiheit der Menschheit kann gewahrt werden.

◆

AUS SCHRITTE ZUR KENNTNIS—FORTSETZUNGSSCHRITTE

Widerstand

und

Stärkung

◆

WIDERSTAND und STÄRKUNG

Die Ethik des Kontakts

D ie Verbündeten ermutigen uns auf Schritt und Tritt, eine aktive Rolle bei der Aufdeckung und Bekämpfung der außerirdischen Intervention einzunehmen, die sich heute auf unserer Welt ereignet. Dazu gehört, dass wir unsere Rechte und Prioritäten als einheimische Bevölkerung dieser Welt wahrnehmen und unsere eigenen Verhaltensrichtlinien für alle gegenwärtigen und zukünftigen Kontakte mit anderen Rassen aufstellen.

Wenn wir die natürliche Umwelt beobachten und zurück auf die menschliche Geschichte blicken, erhalten wir reichlich Anschauungsmaterial zu den Lehren einer Intervention: dass Konkurrenz um Ressourcen ein wesentlicher Bestandteil der Natur ist, dass Interventionen einer Kultur in eine andere stets aus Eigeninteresse durchgeführt werden und stets eine verheerende Wirkung auf die Kultur und die Freiheit derjenigen Menschen haben, die entdeckt werden, und dass die Starken stets die Schwachen dominieren, wenn sie hierzu imstande sind.

Auch wenn es denkbar sein mag, dass jene ET-Rassen, die unsere Welt heimsuchen, eine Ausnahme von dieser Regel darstellen, so müsste uns eine solche Ausnahme ohne den Schatten eines Zweifels bewiesen werden, indem der Menschheit das Recht vorbehalten bleibt, über jeden einzelnen Besuchswunsch vorab zu entscheiden. Dies ist ganz sicher nicht geschehen. Ausgehend von der bisherigen Erfahrung der Menschheit mit Kontakten, wurden stattdessen unsere Zuständigkeiten und Eigentumsrechte als einheimische Bevölkerung dieser Welt missachtet. Die "Besucher" verfolgen ihre ganz eigenen Pläne, und zwar ohne jede Rücksicht auf ein Einverständnis oder eine vorherige Einbindung der Menschheit.

Wie sowohl die Lageberichte der Verbündeten als auch ein Großteil der UFO/ET-Forschung erkennen lassen, findet solch ein ethischer Kontakt derzeit nicht statt. Auch wenn es durchaus wünschenswert sein kann, dass fremde Rassen uns ihre Erfahrungen und ihre Weisheiten aus der Ferne mitteilen, so wie die Verbündeten es getan haben, so ist es keinesfalls angemessen, dass Rassen ungebeten zu uns kommen und versuchen, sich in menschliche Angelegenheiten einzumischen, selbst wenn dies unter dem Vorwand geschehen sollte, uns helfen zu wollen. Angesichts des derzeitigen Entwicklungsstandes der Menschheit als junge Rasse, entspricht dies keinesfalls ethischen Verhaltensweisen.

Die Menschheit hat noch nicht die Möglichkeit gehabt, eigene Regeln für einen Kontakt aufzustellen oder Grenzen zu errichten, die jede einheimische Rasse zu ihrer eigenen Sicherheit und zu ihrem eigenen Schutz errichten muss. Dies würde dazu beitragen, menschliche Einheit und Kooperation zu fördern, weil wir uns zusammenfinden müssten, um dies zu bewerkstelligen. Diese Maßnahme würde das Bewusstsein erfordern, dass wir ein einziges Volk sind, das sich eine einzige Welt teilt, dass wir nicht allein im Universum sind und dass wir Grenzen zum Weltraum hin errichten und schützen müssen. Tragischerweise wird dieser notwendige Entwicklungsprozess derzeit untergraben.

Um die Vorbereitung der Menschheit auf die Realitäten des Lebens in der Größeren Gemeinschaft zu unterstützen, wurden uns die Lageberichte der Verbündeten gesandt. Die Botschaften der Verbündeten an die Menschheit sind in der Tat eine Demonstration dessen, was ethischer Kontakt wirklich bedeutet. Die Verbündeten beachten einen Ansatz der Nichteinmischung, respektieren unsere eigenen Fähigkeiten und Kompetenzen und fördern gleichzeitig jene Freiheit und Einheit, die die menschliche Familie benötigt, damit wir unsere Zukunft in der Größeren Gemeinschaft bewältigen können. Während heutzutage viele Menschen Zweifel hegen, ob die Menschheit diese notwendige Kraft und Integrität aufbringen kann, um ihre eigenen Bedürfnisse und Herausforderungen in Zukunft zu erfüllen, sind sich die Verbündeten gewiss, dass diese Macht, diese spirituelle Macht der Kenntnis, in jedem von uns weilt und dass wir sie in unserem eigenen Interesse nutzen müssen.

Die Vorbereitung für den Eintritt der Menschheit in die Größere Gemeinschaft wurde uns geschenkt. Die Lageberichte der Verbündeten der Menschheit sowie die Bücher zum Weg der Kenntnis der Größeren Gemeinschaft stehen Lesern überall zur Verfügung. Sie können unter *www.verbuendete.com* und *www.neuebotschaft.org* eingesehen werden. Gemeinsam bieten sie uns die Mittel, mit denen wir der Intervention entgegenwirken und unsere Zukunft in einer sich verändernden Welt an der Grenze zum Weltraum bewältigen können. Dies ist die einzige Vorbereitung dieser Art, die heute auf der Welt vorhanden ist. Es ist genau diejenige Vorbereitung, zu der uns die Verbündeten so dringend aufgerufen haben.

Als Reaktion auf die Lageberichte der Verbündeten hat eine Gruppe von engagierten Lesern ein Dokument mit dem Titel *Souveränitätserklärung der Menschheit* erarbeitet. Gestaltet nach dem Vorbild der Unabhängigkeitserklärung der Vereinigten Staaten von Amerika, verfolgt die Souveränitätserklärung der Menschheit das Ziel, eine Ethik des Kontakts und Regeln für die Aufnahme von Beziehungen festzulegen, die wir, als einheimische Bevölkerung der Welt, jetzt so dringend benötigen, um menschliche Freiheit und Souveränität zu bewahren. Als einheimische Bevölkerung dieser Welt haben wir das Recht und die Verantwortung, festzulegen, wann und wie Besuche stattfinden dürfen und wer unsere Welt betreten darf. Wir müssen alle Völker und Gruppen im Universum, die Kenntnis von unserer Existenz haben, wissen lassen, dass wir selbstbestimmt sind und dass wir beabsichtigen, unsere Rechte und Pflichten als aufstrebende Rasse freier Menschen in der Größeren Gemeinschaft wahrzunehmen. Die Souveränitätserklärung der Menschheit ist hierzu ein Anfang und kann online unter *www.humansovereignty.org* gelesen werden.

WIDERSTAND und STÄRKUNG

Maßnahmen ergreifen - Was ihr tun könnt

◆

Die Verbündeten fordern uns auf, Stellung für das Wohlergehen unserer Welt zu beziehen und damit letztendlich selbst zu Verbündeten der Menschheit zu werden. Doch damit dies wirklich gelingen kann, muss dieses Bekenntnis unserem Gewissen entspringen, dem tiefsten Teil in unserem Selbst. Es gibt zahlreiche Dinge, die du tun kannst, um der Intervention entgegenzuwirken und zu einer positiven Kraft zu werden, durch die du selbst und andere um dich herum gestärkt werden.

Einige Leser haben erklärt, nach Lektüre des Materials der Verbündeten Hoffnungslosigkeit verspürt zu haben. Solltest auch du diese Erfahrung machen, so ist es wichtig, sich daran zu erinnern, dass es die gezielte Absicht der Intervention ist, dich auf genau diese Weise zu beeinflussen und dir hinsichtlich der Intervention ein Gefühl der Akzeptanz, der Hoffnung oder der Hilflosigkeit und Ohnmacht einzuimpfen. Lasst euch nicht auf diese Weise beeinflussen. Erkennt vielmehr die in euch liegende Stärke, indem ihr Gegenmaßnahmen ergreift. Was ihr hiergegen tun könnt? Es gibt vieles, das ihr tun könnt.

◆

Informiert euch.

Vorbereitung muss mit Aufklärung und Bildung beginnen. Ihr müsst ein Verständnis über das erlangen, mit dem ihr es zu tun habt. Informiert euch über das UFO/ET-Phänomen. Informiert euch über die neuesten Entdeckungen der Planetenforschung und Astrobiologie, die uns zur Verfügung stehen.

EMPFOHLENE LEKTÜRE

• Siehe "Zusätzliche Informationsquellen" im Anhang.

◆

Widersteht dem Einfluss des Pazifizierungsprogramms.

Widersteht dem Pazifizierungsprogramm. Widersteht der Beeinflussung, die darauf abzielt, euch teilnahmslos und unempfänglich für eure eigene Kenntnis werden zu lassen. Widersteht der Intervention durch Bewusstsein, indem ihr eure Stimme erhebt und durch Verständnis. Fördert menschliche Kooperation, Einheit und Integrität.

EMPFOHLENE LEKTÜRE

• *Spiritualität der Größeren Gemeinschaft*, Kapitel 6: "Was ist die Größere Gemeinschaft?" und Kapitel 11: "Wofür dient die Vorbereitung?"
• *Den Weg der Kenntnis leben*, Kapitel 1: "Leben in einer hervortretenden Welt"

◆

Werdet euch der mentalen Umgebung bewusst.

Die mentale Umgebung ist die Umgebung des Denkens und des Einflusses, in der wir alle leben. Ihre Auswirkung auf unser Denken, Fühlen und Handeln ist noch sehr viel größer als die Auswirkung der physischen Umgebung. Die mentale Umgebung wird derzeit durch die Intervention gezielt beeinträchtigt und beeinflusst. Sie wird daneben aber auch von staatlichen und kommerziellen Interessen beeinflusst, die uns überall umgeben. Sich der mentalen Umgebung bewusst zu werden, ist entscheidend für den Erhalt eurer Freiheit, frei und klar denken zu können. Der erste Schritt, den ihr unternehmen könnt, besteht darin, ganz bewusst darüber zu entscheiden, wer und was euer Denken und eure Entscheidungen durch Informationen beeinflusst. Dies umfasst sowohl Medien, Bücher als auch überzeugungsstarke Freunde, Familienmitglieder und Autoritätspersonen. Stellt hierzu eure eigenen Richtlinien auf, und lernt, mit Urteilsvermögen und Objektivität klar zu erkennen, was andere Leute und sogar die Kultur im Allgemeinen euch mitteilen. Jeder von uns muss lernen, diese Einflüsse bewusst wahrzunehmen, um die mentale Umgebung, in der wir leben, zu schützen und zu verbessern.

EMPFOHLENE LEKTÜRE
....

- *Weisheit aus der Größeren Gemeinschaft, Band II*, Kapitel 12: "Selbstausdruck und mentale Umgebung" und Kapitel 15: "Reaktion auf die Größere Gemeinschaft"

◆

Erlernt den Weg der Kenntnis der Größeren Gemeinschaft.

Das Erlernen des Weges der Kenntnis der Größeren Gemeinschaft bringt dich in direkten Kontakt mit dem tieferen spirituellen Verstand, mit dem der Schöpfer allen Lebens auch dich ausgestattet hat. Auf dieser Ebene des tieferen Verstandes, jenseits unseres Intellekts, auf der Ebene der Kenntnis, bist du sicher vor Beeinträchtigung und Manipulation durch all die weltlichen oder aus der Größeren Gemeinschaft stammenden Mächte. Kenntnis enthält zudem deinen Höheren spirituellen Zweck, für den du zu genau diesem Zeitpunkt auf die Welt gekommen bist. Dies ist der Kern deiner Spiritualität. Du kannst deine Reise auf dem Weg der Kenntnis der Größeren Gemeinschaft noch heute beginnen, indem du mit den *Schritten zur Kenntnis* online unter www.neuebotschaft.org beginnst.

EMPFOHLENE LEKTÜRE

- *Spiritualität der Größeren Gemeinschaft*, Kapitel 4: "Was ist Kenntnis?"
- *Den Weg der Kenntnis leben*: Alle Kapitel
- Studium der *Schritte zur Kenntnis: Das Buch des Inneren Wissens*

◆

Gründet eine Lesegruppe zu den Verbündeten.

Schließe dich mit anderen zusammen, um eine Lesegruppe zu den Verbündeten zu gründen und um ein positives Umfeld zu schaffen, in dem die Materialien der Verbündeten vertieft erörtert werden können. Wir haben festgestellt, dass Menschen, die die Lageberichte der Verbündeten und die Bücher zum Weg der Kenntnis der Größeren Gemeinschaft im Rahmen einer Gruppe mit einer unterstützenden Einstellung laut einander vorlesen und dabei ohne Hemmungen Fragen und Einblicke untereinander austauschen können, ein wachsendes Verständnis zu den Materialien entwickeln. Dies ist eine der vielen Möglichkeiten, wie du damit beginnen kannst, andere zu finden, die das Bewusstsein und den Wunsch mit dir teilen, die Wahrheit über die Intervention zu erfahren. Du kannst mit nur einer anderen Person den Anfang machen.

EMPFOHLENE LEKTÜRE

* *Weisheit aus der Größeren Gemeinschaft, Band II*, Kapitel 10 "Besuche aus der Größeren Gemeinschaft", Kapitel 15: "Reaktion auf die Größere Gemeinschaft", Kapitel 17: "Die Wahrnehmung der Menschheit durch die Besucher" und Kapitel 28: "Realitäten der Größeren Gemeinschaft"
* *Die Verbündeten der Menschheit, Buch Zwei*: Alle Kapitel

◆

Erhaltet und schützt die Umwelt.

Mit jedem Tag lernen wir immer mehr über die Notwendigkeit, unsere natürliche Umwelt zu bewahren, zu schützen und wiederherzustellen. Selbst wenn es die Intervention nicht gäbe, so wäre dies noch immer eine vorrangige Aufgabe. Doch die Botschaft der Verbündeten setzt neue Impulse und vermittelt ein neues Verständnis für die Notwendigkeit, eine nachhaltige Nutzung der natürlichen Ressourcen unserer Welt zu gewährleisten. Informiere dich darüber, wie du lebst und was du verbrauchst und finde heraus, was du tun kannst, um die Umwelt zu unterstützen. Wie die Verbündeten stets betonen, wird unsere Rasse eine autarke Lebensweise entwickeln müssen, damit unsere Freiheit und Entwicklung in einer Größeren Gemeinschaft des intelligenten Lebens gesichert bleibt.

EMPFOHLENE LEKTÜRE

- *Weisheit aus der Größeren Gemeinschaft, Band I*, Kapitel 14: "Entwicklung der Welt"
- *Weisheit aus der Größeren Gemeinschaft, Band II*, Kapitel 25: "Umgebungen"

◆

Verbreitet die Botschaft über die Lageberichte der Verbündeten der Menschheit.

Es ist aus folgenden Gründen von entscheidender Bedeutung, dass du die Botschaft der Verbündeten an andere weitergibst:

– Du hilfst mit, die lähmende Stille, die die Realität und das Schreckgespenst der außerirdischen Intervention derzeit umgibt, zu durchbrechen.

– Du hilfst mit, die Isolation, die Menschen davon abhält, sich für diese große Herausforderung zusammenzuschließen, aufzubrechen.

– Du rüttelst diejenigen wach, die unter den Einfluss des Pazifizierungsprogramms geraten sind und gibst ihnen die Möglichkeit, ihren eigenen Verstand zu nutzen, um die Bedeutung dieses Phänomens zu überdenken.

– Indem du dich dieser großen Herausforderung unserer Zeit stellst, stärkst du die Entschlossenheit in dir selbst und in anderen, weder vor der Angst noch vor den inneren Neigungen, das Phänomen leugnen zu wollen, zu kapitulieren.

– Du vermittelst anderen Menschen eine Bestätigung ihrer eigenen Einsichten und Kenntnisse über die Intervention.

– Du hilfst mit, den Widerstand zu formen, der die Intervention vereiteln kann und jene Stärke zu entwickeln, die der Menschheit die notwendige Einheit und Kraft geben kann, um ihre eigenen Regeln für einen Kontakt festlegen zu können.

HIER SIND EINIGE KONKRETE SCHRITTE, DIE DU NOCH HEUTE UNTERNEHMEN KANNST:

– Gebe dieses Buch und seine Botschaft an andere weiter. Die gesamte erste Reihe von Lageberichten kann kostenlos gelesen und auf der zu den Verbündeten eingerichteten Webseite heruntergeladen werden: www.verbuendete.com

– Lese die Souveränitätserklärung der Menschheit und teile dieses wertvolle Dokument mit anderen. Es kann online gelesen und ausgedruckt werden unter www.humansovereignty.org.

– Fordere deine örtliche Buchhandlung und Bibliothek auf, alle Bände der *Verbündeten der Menschheit* und die anderen Bücher von Marshall Vian Summers in ihr Sortiment aufzunehmen. Dies erhöht den Zugang zu dem Material für andere Leser.

– Teile das Material der Verbündeten und die darin vermittelte Perspektive mit anderen in bestehenden Online-Foren und Diskussionsgruppen, wann immer dies angemessen ist.

– Nehme an Konferenzen und Versammlungen teil und erläutere die Perspektive der Verbündeten.

– Übersetze die Lageberichte der Verbündeten der Menschheit. Falls du mehrere Sprachen sprichst, erwäge, bei der Übersetzung der Lageberichte zu helfen, damit sie noch mehr Lesern auf der ganzen Welt zugänglich werden.

– Kontaktiere die New Knowledge Library, um ein kostenloses „Verbündeten-Unterstützungspaket" mit Materialien zu erhalten, die dir dabei helfen können, diese Botschaft mit anderen zu teilen.

EMPFOHLENE LEKTÜRE

- *Den Weg der Kenntnis leben*, Kapitel 9: "Den Weg der Kenntnis mit Anderen teilen"
- *Weisheit aus der Größeren Gemeinschaft, Band II*, Kapitel 19: "Mut"

◆

Diese Aufzählung erhebt keinesfalls Anspruch auf Vollständigkeit. Sie kann nur ein Anfang sein. Schaue auf dein eigenes Leben und finde selbst heraus, welche weiteren Möglichkeiten es geben könnte und sei offen für deine eigene Kenntnis und deine eigenen Einsichten zu diesem Thema. Zusätzlich zu den genannten Maßnahmen haben viele Menschen bereits kreative Wege gefunden, um der Botschaft der Verbündeten Ausdruck zu verleihen - durch Kunst, Musik, Poesie. Finde deinen eigenen Weg.

BOTSCHAFT VON
MARSHALL VIAN SUMMERS

◆

Seit 25 Jahren befinde ich mich inmitten einer religiösen Erfahrung. Dies hat dazu geführt, dass ich umfangreiche Schriften über die Natur der menschlichen Spiritualität und über die Bestimmung der Menschheit im Rahmen eines größeren Panoramas intelligenten Lebens im Universum empfangen habe. Diese Schriften, die allesamt Bestandteil der Lehre zum Weg der Kenntnis der Größeren Gemeinschaft sind, bilden einen theologischen Rahmen, der das Leben und die Präsenz Gottes in der Größeren Gemeinschaft und den Weiten des Raumes und der Zeit behandelt, die wir als unser Universum kennen.

Die Kosmologie, die ich empfangen habe, enthält zahlreiche Botschaften, von denen eine besagt, dass die Menschheit derzeit in eine Größere Gemeinschaft intelligenten Lebens eintritt und dass wir uns hierauf vorbereiten müssen. Untrennbarer Bestandteil dieser Botschaft ist die Erkenntnis, dass die Menschheit nicht allein im Universum und noch nicht einmal allein in unserer eigenen Welt ist und dass die Menschheit in dieser Größeren Gemeinschaft Freunden, Konkurrenten und Feinden begegnen wird.

Diese größere Realität wurde auf dramatische Weise durch die plötzliche und unerwartete Übertragung der Lageberichte der Verbündeten der Menschheit im Jahre 1997 bestätigt. Drei Jahre zuvor,

1994, hatte ich das theologische Grundgerüst für das Verständnis der Lageberichte der Verbündeten in Form meines Buches *Spiritualität der Größeren Gemeinschaft — Eine Neue Offenbarung* empfangen. An diesem Punkt ist mir als Ergebnis meiner spirituellen Arbeiten und Schriften bewusst geworden, dass die Menschheit Verbündete im Universum hat, die über das Wohlergehen und die zukünftige Freiheit unserer Rasse in tiefer Sorge sind.

Bestandteil der wachsenden Kosmologie, die mir offenbart worden ist, ist auch das Verständnis, dass in der Geschichte intelligenten Lebens im Universum ethisch fortgeschrittene Rassen die Verpflichtung haben, ihre Weisheit jungen aufstrebenden Rassen wie der unsrigen zu hinterlassen und dass dieses Vermächtnis ohne eine direkte Einmischung oder Intervention in die Angelegenheiten der jungen Rasse weitergereicht werden muss. Ziel hierbei ist, zu informieren ohne einzugreifen. Diese "Weitergabe von Weisheit" ist Bestandteil der seit geraumer Zeit bestehenden ethischen Grundprinzipien für eine Kontaktaufnahme mit aufstrebenden Rassen und für die Durchführung eines solchen Kontakts. Die Lageberichte der Verbündeten der Menschheit sind eine deutliche Demonstration dieses Modells der Nicht-Einmischung und des ethischen Kontakts. Dieses Modell sollte richtungsweisend sein und einen Standard festlegen, dessen Einhaltung auch wir von anderen Rassen bei deren Versuchen, uns zu kontaktieren oder unsere Welt zu besuchen, einfordern sollten. Doch diese Demonstration des ethischen Kontakts steht in krassem Gegensatz zu der Intervention, die gegenwärtig auf der Welt stattfindet.

Wir manövrieren uns in eine Lage extremer Verwundbarkeit. Vor dem Hintergrund der täglich wachsenden Gefahren der Ressourcenverknappung, der Umweltverschmutzung und eines weiteren Zerfalls der menschlichen Familie, sind wir reif für eine Intervention. Wir leben in scheinbarer Isolation auf einer reichen und wertvollen Welt, die von anderen jenseits unserer Grenzen begehrt wird. Wir sind abgelenkt, innerlich gespalten und erkennen nicht die große Gefahr, die an unseren Grenzen zu uns durchdringt. Es ist ein Phänomen, das sich in der Geschichte ständig aufs Neue ereignet hat und das Schicksal von isoliert lebenden indigenen Völkern, die zum ersten Mal mit einer Intervention konfrontiert waren, bestimmt hat. Unsere herrschenden Annahmen über die Mächte und die Güte intelligenten Lebens im Universum sind realitätsfern. Und wir fangen erst jetzt damit an, diese Bedingung, die wir auf unserer Welt selbst zu verantworten haben, näher zu untersuchen.

Die unpopuläre Wahrheit ist, dass die menschliche Familie nicht auf eine direkte Kontakterfahrung und erst recht nicht auf eine Intervention vorbereitet ist. Wir müssen zuerst unser eigenes Haus in Ordnung bringen. Wir verfügen derzeit noch nicht über die Reife, mit anderen Rassen in der Größeren Gemeinschaft aus einer Position der Einheit, der Stärke und des klaren Urteilsvermögens in Kontakt treten zu können. Und bis wir eine solche Position erreicht haben, falls dies je der Fall sein sollte, sollte keine Rasse versuchen, direkt in unsere Welt einzugreifen. Die Verbündeten vermitteln uns die dringend benötigte Weisheit und Perspektive, greifen jedoch nicht ein. Sie erklären uns, dass unser Schicksal in unseren eigenen Händen liegt und liegen sollte. Darin besteht die Bürde der Freiheit im Universum.

Die Intervention erfolgt jedoch ohne jede Rücksicht auf unsere fehlende Bereitschaft. Die Menschheit muss sich jetzt auf diese wohl folgenreichste Schwelle in der menschlichen Geschichte vorbereiten. Wir müssen mehr als nur teilnahmslose Zeugen dieses Ereignisses sein, denn wir befinden uns mitten in ihm. Es geschieht, egal ob wir uns dessen bewusst sind oder nicht. Es hat die Macht, das Schicksal der Menschheit zu verändern. Und es hängt mit dem zusammen, wer wir sind und warum wir zu genau dieser Zeit auf der Welt sind.

Der Weg der Kenntnis der Größeren Gemeinschaft wurde uns gesandt, um sowohl die Lehre als auch die Vorbereitung bereitzustellen, die wir jetzt brauchen, um diese große Schwelle bewältigen, den menschlichen Geist erneuern und einen neuen Kurs für die menschliche Familie einschlagen zu können. Er appelliert an das dringende Bedürfnis nach menschlicher Einheit und Zusammenarbeit, an den Vorrang der Kenntnis, unserer spirituellen Intelligenz und an die größere Verantwortung, die wir jetzt an der Grenze zum Weltraum wahrnehmen müssen. Er verkörpert eine Neue Botschaft des Schöpfers allen Lebens.

Meine Mission besteht darin, diese größere Kosmologie und Vorbereitung in die Welt zu bringen und zusammen mit ihr eine neue Hoffnung sowie eine Verheißung für eine ringende Menschheit. Meine lange Vorbereitung und die umfassende Lehre zum Weg der Kenntnis der Größeren Gemeinschaft dienen diesem Zweck. Die Lageberichte der Verbündeten der Menschheit sind lediglich ein kleiner Teil dieser größeren Botschaft. Jetzt ist es an der Zeit, unsere unaufhörlichen Konflikte zu beenden und uns auf das Leben in der Größeren Gemeinschaft vorzubereiten. Hierzu benötigen wir ein neues Selbstverständnis als ein geeintes Volk - als die Ureinwohner dieser Welt, geeint durch ein gemeinsames spirituelles Bewusstsein - und ein Verständnis über unsere prekäre Lage als junge, aufstrebende

Rasse im Universum. Dies ist meine Botschaft für die Menschheit und hierfür bin ich gekommen.

MARSHALL VIAN SUMMERS

2008

Anhang

◆

BEGRIFFSDEFINITIONEN

◆

DIE VERBÜNDETEN DER MENSCHHEIT: Eine kleine Gruppe von körperlichen Wesen aus der Größeren Gemeinschaft, die sich in der Nähe unserer Welt in unserem Sonnensystem versteckt halten. Ihre Mission ist es, die Aktivitäten der außerirdischen Besucher und die derzeitige Intervention auf der Welt zu beobachten, hierüber zu berichten und uns hierüber zu beraten. Sie repräsentieren die Weisen auf vielen Welten.

DIE BESUCHER: Mehrere andere außerirdische Rassen aus der Größeren Gemeinschaft, die unsere Welt ohne unsere Erlaubnis "besuchen", und die aktiv in menschliche Angelegenheiten eingreifen. Die Besucher führen ein ausgedehntes Verfahren durch, mit dem sie sich in das Gewebe und die Seele des menschlichen Lebens integrieren, um die Kontrolle über die Ressourcen und die Menschen der Welt zu erlangen.

DIE INTERVENTION: Die Präsenz der außerirdischen Besucher, ihre Absichten und ihre Tätigkeiten auf der Welt.

DAS PAZIFIZIERUNGSPROGRAMM: Das Überredungs- und Beeinflussungsprogramm der Besucher, das darauf abzielt, das Bewusstsein und das Urteilsvermögen der Menschen hinsichtlich der Intervention zu entschärfen, um die Menschheit passiv und gefügig zu machen.

DIE GRÖSSERE GEMEINSCHAFT: Der Weltraum. Das riesige physische und spirituelle Universum, in das die Menschheit derzeit eintritt und das intelligentes Leben in unzähligen Erscheinungsformen enthält.

DIE UNSICHTBAREN: Die Engel des Schöpfers, die die spirituelle Entwicklung empfindender Lebewesen in der Größeren Gemeinschaft überwachen. Die Verbündeten bezeichnen sie als "Die Unsichtbaren."

MENSCHLICHE BESTIMMUNG: Die Menschheit ist dazu bestimmt, in die Größere Gemeinschaft einzutreten. Dies ist unsere Evolution.

DIE KOLLEKTIVE: Komplexe hierarchische Organisationen, die aus mehreren außerirdischen Rassen zusammengesetzt sind und die durch eine gemeinsam empfundene Loyalität miteinander verbunden sind. Es gibt mehr als ein Kollektiv, das derzeit auf der Welt aktiv ist und von dem die außerirdischen Besucher abstammen. Diese Kollektive verfolgen miteinander konkurrierende Pläne.

DIE MENTALE UMGEBUNG: Das Umfeld des Denkens und des psychischen Einflusses.

KENNTNIS: Die spirituelle Intelligenz, die sich in jedem Menschen befindet. Die Quelle von allem, was wir wissen. Inneres Verständnis. Ewige Weisheit. Der zeitlose Teil von uns, der nicht beeinflusst, manipuliert oder beschädigt werden kann. Ein Potenzial in allem intelligenten Leben. Kenntnis ist Gott in dir und Gott ist alle Kenntnis des Universums.

DIE WEGE DER EINSICHT: Verschiedene Lehren zum Weg der Kenntnis, die auf vielen Welten in der Größeren Gemeinschaft gelehrt werden.

DER WEG DER KENNTNIS DER GRÖSSEREN GEMEINSCHAFT: Eine spirituelle Lehre des Schöpfers, die an vielen Orten in der Größeren Gemeinschaft praktiziert wird. Sie lehrt, wie Kenntnis erfahren und ausgedrückt und wie individuelle Freiheit im Universum bewahrt werden kann. Diese Lehre wurde hierher gesandt, um die Menschheit auf die Realitäten des Lebens in der Größeren Gemeinschaft vorzubereiten.

KOMMENTARE ZU DEN
VERBÜNDETEN DER MENSCHHEIT

◆

Ich war von den Verbündeten der Menschheit außerordentlich beeindruckt ... weil sich die Botschaft wahr anhört. Radarkontakte, Wirkungen auf das Erdreich sowie Video- und Filmaufzeichnungen beweisen, dass UFOs real sind. Jetzt müssen wir uns der eigentlichen Kernfrage widmen: den Absichten ihrer Besatzungen. *Die Verbündeten der Menschheit* widmen sich mit viel Kraft diesem Problem, das sich für die Zukunft der Menschheit als entscheidend erweisen kann."

— JIM MARRS, Autor von
Alien Agenda sowie *Rule by Secrecy*

Nach Jahrzehnten des Studiums sowohl des ‚Channeling'-Phänomens als auch der UFO/Außerirdischen-Forschung bin ich sehr angetan, sowohl von Summers als Channelmedium als auch von den Botschaften seiner Kontakte, die mit diesem Buch vorgelegt werden. Ich bin tief beeindruckt von seiner Integrität als Mensch, als geistiges Wesen und als authentischer „Kanal". In ihren Botschaften und ihrer Haltung demonstrieren sowohl Summers als auch seine Kontakte für mich in sehr überzeugender Weise eine ‚Dienst-am-Anderen'-Mentalität im Gegensatz zu der so oft anzutreffenden menschlichen und jetzt womöglich auch noch außerirdischen, ‚Dienst-am-Selbst'-Mentalität. Während die Botschaft dieses Buches einen ernsthaften und warnenden Ton besitzt, belebt sie dennoch meinen Geist mit der Aussicht auf all die Wunder, die unsere Spezies erwarten, wenn wir der Größeren Gemeinschaft beitreten. Gleichzeitig müssen wir die uns als Geburtsrecht gegebene Beziehung zu unserem Schöpfer finden und sie erfassen, um sicherzustellen, dass wir nicht in unangemessener Weise manipuliert oder von einigen Mitgliedern dieser Größeren Gemeinschaft ausgebeutet werden."

— JON KLIMO, Autor von
Channeling: Investigations on
Receiving Information from
Paranormal Sources

Meine Untersuchung des UFO/Entführungs-Phänomens seit nunmehr 30 Jahren ist wie das Zusammensetzen eines riesigen Puzzles gewesen. Ihr Buch gab mir endlich einen größeren Rahmen für das Einsetzen der noch fehlenden Stücke."

— ERICK SCHWARTZ,
LCSW, Kalifornien/USA

Gibt es etwas umsonst im Kosmos? *Die Verbündeten der Mensch-heit* erinnern uns am nachdrücklichsten daran, dass es so etwas nicht gibt."

— ELAINE DOUGLASS, MUFON
Co-state director, Utah/USA

Die Verbündeten werden auf eine enorme Resonanz in der spanischsprachigen Bevölkerung auf der ganzen Welt treffen. Ich kann Ihnen dies versichern! So viele Menschen, nicht nur in meinem Land, kämpfen für das Recht, ihre eigene Kultur zu bewahren! Ihre Bücher bestätigen das, was sie uns seit so langer Zeit auf so unterschiedliche Arten mitzuteilen versuchen."

— INGRID CABRERA, Mexiko

Dieses Buch hat mich tief bewegt. Für mich sind [*Die Verbündeten der Menschheit*] schlichtweg bahnbrechend. Ich ehre diejenigen Kräfte, sowohl die menschlichen als auch andere, die dieses Buch ins Leben gerufen haben und ich bete, dass seine dringende War-nung Beachtung findet."

— RAYMOND CHONG, Singapur

Ein Großteil des Materials der Verbündeten ist vollkommen mit dem vereinbar, was ich erfahren habe oder von dem ich instinktiv spüre, dass es wahr ist."

— TIMOTHY GOOD, britischer
UFO-Forscher
Autor von *Beyond Top Secret* und
Unearthly Disclosure

WEITERE RECHERCHEN

Das Buch *DIE VERBÜNDETEN DER MENSCHHEIT* befasst sich mit grundlegenden Fragen über die Realität, die Natur und den Zweck der außerirdischen Anwesenheit auf der Welt von heute. Allerdings wirft dieses Buch noch zahlreiche weitere Fragen auf, die durch weitere Recherchen untersucht werden müssen. In dieser Hinsicht dient es als Katalysator für ein umfassenderes Bewusstsein und als Aufruf zum Handeln.

Lesern, die mehr erfahren wollen, bieten sich zwei Wege, die entweder einzeln oder zusammen weiterverfolgt werden können. Der erste Weg beinhaltet die Untersuchung des UFO/ET-Phänomens selbst, das in den letzten vier Jahrzehnten von Forschern, die viele unterschiedliche Auffassungen hierzu vertreten, umfassend dokumentiert worden ist. Auf den folgenden Seiten haben wir einige wichtige Quellen zu diesem Thema zusammengestellt, die nach unserer Ansicht für das Material der Verbündeten von besonderer Bedeutung sind. Wir rufen alle Leser auf, sich über dieses Phänomen eingehender zu informieren.

Der zweite Weg richtet sich an diejenigen Leser, die die spirituellen Implikationen des Phänomens und das, was sie persönlich tun können, um sich vorzubereiten, näher erkunden möchten. Hierfür empfehlen wir die Schriften von MV Summers, die auf den folgenden Seiten vorgestellt werden.

Um sich über aktuelle Informationsquellen im Zusammenhang mit den Verbündeten der Menschheit auf dem Laufenden zu halten, besucht bitte auch die hierzu eingerichtete Website unter: www.verbuendete.com. Für weitere Informationen über den Weg der Kenntnis in der Größeren Gemeinschaft besucht bitte: www.neuebotschaft.org.

ZUSÄTZLICHE
INFORMATIONSQUELLEN

◆

Im Folgenden findet sich eine Aufstellung von einführenden Informationsquellen zum UFO/ET-Phänomen. Hierbei handelt es sich keineswegs um eine erschöpfende Literaturliste zu dem Thema, die Aufstellung soll lediglich einen Einstieg in die Thematik ermöglichen. Sobald ihr eure Recherchen zur Realität des Phänomens begonnen habt, werdet ihr auf immer mehr Material stoßen, dessen Lektüre lohnenswert sein kann, sowohl in diesen als auch in anderen Quellen. Hierbei sei jedem Leser empfohlen, sein gesundes Urteilsvermögen anzuwenden

BÜCHER

Berliner, Don: *UFO Briefing Document*, Dell Publishing, 1995.

Bryan, C.D.B.: *Close Encounters of the Fourth Kind: Alien Abduction, UFOs and the Conference at MIT*, Penguin, 1996.

Dolan, Richard: *UFOs and the National Security State: Chronology of a Coverup, 1941-1973*, Hampton Roads Publishing, 2002.

Fowler, Raymond E.: *The Allagash Abductions: Undeniable Evidence of Alien Intervention*, 2nd Edition, Granite Publishing, LLC, 2005.

Good, Timothy: *Unearthly Disclosure*, Arrow Books, 2001.

Grinspoon, David: *Lonely Planets: The Natural Philosophy of Alien Life*, Harper Collins Publishers, 2003.

Hopkins, Budd: *Missing Time*, Ballantine Books, 1988.

Howe, Linda Moulton: *An Alien Harvest*, LMH Productions, 1989.

Jacobs, David: *The Threat: What the Aliens Really Want*, Simon & Schuster, 1998.

Mack, John E.: *Abduction: Human Encounters with Aliens*, Charles Scribner's Sons, 1994.

Marrs, Jim: *Alien Agenda: Investigating the Extraterrestrial Presence Among Us*, Harper Collins, 1997.

Sauder, Richard: *Underwater and Underground Bases*, Adventures Unlimited Press, 2001.

Turner, Karla: *Taken: Inside the Alien-Human Abduction Agenda*, Berkeley Books, 1992.

DVDs

The Alien Agenda and the Ethics of Contact with Marshall Vian Summers, MUFON Symposium, 2006. Zu beziehen über die New Knowledge Library.

The ET Intervention and Control in the Mental Environment, with Marshall Vian Summers, Conspiracy Con, 2007. Zu beziehen über die New Knowledge Library.

Out of the Blue: The Definitive Investigation of the UFO
   Phenomenon, Hanover House, 2007. Zu beziehen über: (Out
   of the Blue Movie)

INTERNETSEITEN

www.humansovereignty.org

www.verbuendete.com

www.neuebotschaft.org

AUSZÜGE AUS DEN BÜCHERN ZUM WEG DER KENNTNIS DER GRÖSSEREN GEMEINSCHAFT

"Du bist nicht einfach nur ein Mensch auf dieser einen Welt. Du bist ein Bürger der Größeren Gemeinschaft der Welten. Dies ist das physikalische Universum, das du mithilfe deiner Sinne wahrnimmst. Es ist viel größer als du jetzt begreifen kannst. ... Du bist ein Bürger eines größeren physikalischen Universums. Dieser Umstand bestätigt nicht nur deine Herkunft und dein Erbe, sondern auch deinen Zweck im Leben zu dieser Zeit, denn die Welt der Menschheit wächst in das Leben der Größeren Gemeinschaft der Welten hinein. Dies ist dir bewusst, auch wenn dein Glaube dies möglicherweise noch nicht berücksichtigt."

— *SCHRITTE ZUR KENNTNIS*:
Schritt 187: Ich bin ein Bürger der
Größeren Gemeinschaft von Welten

"Du bist in die Welt an diesem großen Wendepunkt gekommen, einem Wendepunkt, von dem du nur einen Teil im Laufe deines eigenen Lebens sehen wirst. Es ist ein Wendepunkt, an dem deine Welt Kontakt zu den Welten in ihrer Nachbarschaft auf-

nimmt. Dies ist die natürliche Evolution der Menschheit, so wie
es die natürliche Evolution allen intelligenten Lebens auf allen
Welten ist."

> — *SCHRITTE ZUR KENNTNIS:*
> Schritt 190: Die Welt tritt in die
> Größere Gemeinschaft der Welten
> ein und aus diesem Grund bin ich
> gekommen

"Du hast große Freunde jenseits dieser Welt. Aus diesem Grund
ist die Menschheit bestrebt, in die Größere Gemeinschaft einzutreten, denn die Größere Gemeinschaft stellt ein breiteres Spektrum ihrer wahren Beziehungen dar. Du hast wahre Freunde
jenseits der Welt, weil du auf der Welt nicht allein bist und weil
du in der Größeren Gemeinschaft der Welten nicht allein bist. Du
hast Freunde jenseits dieser Welt, weil deine Spirituelle Familie
überall ihre Vertreter hat. Du hast Freunde jenseits dieser Welt,
weil du nicht nur an der Evolution deiner Welt arbeitest, sondern auch an der Entwicklung des Universums. Jenseits deiner
Vorstellungskraft, jenseits deiner begrifflichen Verständnisfähig-
keit ist dies ganz gewiss wahr."

> — *SCHRITTE ZUR KENNTNIS:*
> Schritt 211: Ich habe große
> Freunde jenseits dieser Welt.

"Reagiere nicht mit Hoffnung. Reagiere nicht mit Angst. Antworte mit Kenntnis."

> — *WEISHEIT AUS DER GRÖSSEREN GEMEINSCHAFT: Band II*
> Kapitel 10: Besuche aus der Größeren Gemeinschaft

"Warum geschieht dies? Die Wissenschaft kann es nicht beantworten. Die Vernunft kann es nicht beantworten. Wunschdenken kann es nicht beantworten. Ängstlicher Selbstschutz kann es nicht beantworten. Was kann es beantworten? Ihr müsst diese Frage mit einer anderen Art von Verstand stellen, mit einer anderen Art von Augen betrachten und eine andere Erfahrung hierzu machen."

> — *WEISHEIT AUS DER GRÖSSEREN GEMEINSCHAFT: Band II* Kapitel 10: Besuche aus der Größeren Gemeinschaft

"Du musst nun an Gott in der Größeren Gemeinschaft denken—keinen menschlichen Gott, keinen Gott deiner schriftlichen Geschichte, keinen Gott deiner Anfechtungen und Kümmernisse, sondern einen Gott für alle Zeiten, alle Rassen, alle Dimensionen, für die, die primitiv sind und für die, die fortgeschritten sind, für die, die wie du denken und für die, die so anders denken, für die, die glauben und die, für die Glaube unerklärlich ist. Dies ist Gott in der Größeren Gemeinschaft. Und dies ist der Punkt, an dem du beginnen musst."

> — *SPIRITUALITÄT DER GRÖSSEREN*
> *GEMEINSCHAFT:* Kapitel 1: Was
> ist Gott?

"Du wirst in der Welt gebraucht. Es ist Zeit, dich vorzubereiten. Es ist Zeit, fokussiert und entschlossen zu werden. Es gibt keinen Ausweg daraus, denn nur jene, die im Weg der Kenntnis entwickelt sind, werden in der Zukunft die Fähigkeit haben und werden in der Lage sein, die Freiheit in einer mentalen Umgebung aufrecht zu erhalten, die zunehmend von der Größeren Gemeinschaft beeinflusst wird."

> — *DEN WEG DER KENNTNIS*
> *LEBEN:* Kapitel 6: Die Säule der
> Spirituellen Entwicklung

"Es gibt hier keine Helden. Es gibt hier niemanden zu verehren. Es gibt ein Fundament, das errichtet werden muss. Es gibt Arbeit, die erledigt werden muss. Es gibt eine Vorbereitung, die absolviert werden muss. Und es gibt eine Welt, der gedient werden muss."

> — *DEN WEG DER KENNTNIS*
> *LEBEN:* Kapitel 6: Die Säule der
> Spirituellen Entwicklung

"Der Weg der Kenntnis der Größeren Gemeinschaft wird auf die Welt gesandt, wo er noch unbekannt ist. Er besitzt hier keine Vorgeschichte und keinen Hintergrund. Die Menschen sind nicht an ihn gewöhnt. Er passt sich nicht unbedingt ihren Gedanken, ihren Überzeugungen oder ihren Erwartungen an. Er stimmt nicht mit dem gegenwärtigen religiösen Verständnis der Welt überein. Er kommt in nackter Form, ganz ohne Ritual und Prunk, ganz ohne Reichtum und Überfluss. Er kommt schlicht und einfach. Er ist wie ein Kind auf der Welt. Er ist scheinbar verletzlich, und doch repräsentiert er eine größere Realität und eine größere Verheißung für die Menschheit."

— *SPIRITUALITÄT DER GRÖSSEREN GEMEINSCHAFT:* Kapitel 22: Wo ist Kenntnis zu finden?

"Es gibt in der Größeren Gemeinschaft solche, die stärker sind als ihr. Sie können euch überlisten, aber nur, wenn ihr nicht aufmerksam seid. Sie können euren Verstand beeinflussen, aber sie können ihn nicht kontrollieren, wenn ihr mit Kenntnis seid."

— *DEN WEG DER KENNTNIS LEBEN:* Kapitel 10: In der Welt präsent sein

"Die Menschheit lebt in einem sehr großen Haus. Ein Teil des Hauses steht in Flammen. Und andere kommen hierher, um festzustellen, wie das Feuer zu ihren Gunsten gelöscht werden kann."

— *DEN WEG DER KENNTNIS
LEBEN:* Kapitel 11: Vorbereitung
auf die Zukunft

"Gehe in einer klaren Nacht hinaus und schaue nach oben. Deine Bestimmung ist dort. Deine Schwierigkeiten sind dort. Deine Gelegenheiten sind dort. Deine Erlösung ist dort."

— *SPIRITUALITÄT DER GRÖSSEREN
GEMEINSCHAFT:* Kapitel 15: Wer
dient der Menschheit?

"Du solltest nicht davon ausgehen, dass eine fortgeschrittene Rasse über eine größere Logik verfügt, es sei denn, dass sie stark mit Kenntnis ist. Sie können in der Tat ebenso gewappnet gegen Kenntnis sein, wie du es bist. Alte Gewohnheiten, Rituale, Strukturen und Autoritäten müssen durch den Beweis der Kenntnis herausgefordert werden. Deshalb ist ein Mann oder eine Frau der Kenntnis sogar in der Größeren Gemeinschaft eine mächtige Kraft."

— *SCHRITTE ZUR KENNTNIS:*
Fortsetzungsschritte

"Deine Furchtlosigkeit in der Zukunft darf nicht auf einem Schein beruhen, sondern muss auf deiner Gewissheit in Kenntnis beruhen. Auf diese Weise wirst du eine Zuflucht der Ruhe und eine

Quelle des Reichtums für andere sein. Dies ist deine Bestimmung. Aus diesem Grund bist du auf die Welt gekommen."

— *SCHRITTE ZUR KENNTNIS:*
Schritt 162: Ich werde heute keine
Angst haben.

"Es ist keine leichte Zeit, um in der Welt zu sein, aber wenn Beitrag dein Zweck und deine Absicht ist, ist es die richtige Zeit, um in der Welt zu sein."

— *SPIRITUALITÄT DER GRÖSSEREN*
GEMEINSCHAFT: Kapitel 11:
Wofür dient die Vorbereitung?

"Damit du deine Mission ausführen kannst, musst du große Verbündete haben, denn Gott weiß, dass du es nicht alleine tun kannst."

— *SPIRITUALITÄT DER GRÖSSEREN*
GEMEINSCHAFT: Kapitel 12: Wem
wirst du begegnen?

"Der Schöpfer würde die Menschheit nicht ohne eine Vorbereitung auf die Größere Gemeinschaft sich selbst überlassen. Und dafür wird der Weg der Kenntnis der Größeren Gemeinschaft dargeboten. Er entstammt dem Großen Willen des Universums. Er wird durch die Engel des Universums übermittelt, die überall der Entstehung von Kenntnis dienen und Beziehungen kultivieren, die überall Kenntnis verkörpern können. Dieses Werk ist das

Werk des Göttlichen auf der Welt, nicht um euch zum Göttlichen zu bringen, sondern um euch auf die Welt zu bringen, denn die Welt braucht euch. Aus diesem Grund wurdet ihr hierher gesandt. Aus diesem Grund habt ihr euch entschieden, zu kommen. Und ihr habt euch entschieden, zu kommen, um dem Eintritt der Welt in die Größere Gemeinschaft zu dienen und ihn zu unterstützen, denn das ist die große Notwendigkeit der Menschheit zu dieser Zeit und diese große Notwendigkeit wird alle Bedürfnisse der Menschheit in den kommenden Zeiten überschatten."

— *SPIRITUALITÄT DER GRÖSSEREN GEMEINSCHAFT:* Einleitung

ÜBER DEN AUTOR

Obwohl er auf der Welt heute noch weitgehend unbekannt ist, könnte Marshall Vian Summers einmal als der bedeutendste spirituelle Lehrer anerkannt werden, der zu unserer Zeit hervorgetreten ist. Seit mehr als zwanzig Jahren widmet er sich in aller Stille dem Verfassen und Lehren einer Spiritualität, die der unbestreitbaren Tatsache Rechnung trägt, dass die Menschheit in einem riesigen und bevölkerten Universum lebt und sich jetzt dringend auf ihren Eintritt in eine Größere Gemeinschaft intelligenten Lebens vorbereiten muss.

MV Summers lehrt die Disziplin der *Kenntnis* oder des Inneren Wissens. "Unsere tiefste Intuition", sagt er, "ist lediglich ein äußerer Ausdruck der großen Macht der Kenntnis." Seine Bücher *Schritte zur Kenntnis: Das Buch des Inneren Wissens*, Sieger der Auszeichnung *Book of the Year Award for Spirituality* im Jahre 2000 in den Vereinigten Staaten und *Spiritualität der Größeren Gemeinschaft: Eine Neue Offenbarung* bilden gemeinsam ein Grundlagenwerk, das als erste „Theologie des Kontakts" bezeichnet werden könnte. Sein Gesamtwerk, mehr als zwanzig Bücher, von denen bislang nur eine Handvoll von der New Knowledge Library veröffentlicht worden sind, enthalten einige der reinsten und am höchsten entwickelten spirituellen Lehren, die in der modernen Geschichte zutage getreten sind. Er ist zudem Gründer der Gesellschaft für den Weg der Kenntnis der Größeren Gemeinschaft (The Society for The Greater Community Way of Knowledge), einer religiösen, nicht gewinnorientierten Organisation mit Sitz in den Vereinigten Staaten.

Mit den *Verbündeten der Menschheit* ist Marshall Vian Summers möglicherweise der erste spirituelle Lehrer, der eine unmissverständliche Warnung über die wahre Natur der Intervention ausspricht, die sich derzeit auf der Welt abspielt und zu persönlicher Verantwortung, Vorbereitung und kollektivem Bewusstsein aufruft. Er hat sein Leben dem Empfang des Weges der Kenntnis der Größeren Gemeinschaft gewidmet, eines Geschenks des Schöpfers an die Menschheit. Er hat sich dazu verpflichtet, diese Neue Botschaft von Gott in die Welt zu tragen. Um mehr über die Neue Botschaft online zu erfahren, besuche bitte die Website unter www.neuebotschaft.org.

ÜBER DIE SOCIETY

D ie Gesellschaft für den Weg der Kenntnis der Größeren Gemeinschaft (*The Society for The Greater Community Way of Knowledge*) erfüllt eine große Mission auf der Welt. Die Verbündeten der Menschheit haben das Problem der Intervention und alles, was damit zusammenhängt, dargelegt. Als Reaktion auf diese ernste Herausforderung wurde uns eine Lösung in Form der spirituellen Lehre präsentiert, die als Weg der Kenntnis der Größeren Gemeinschaft bezeichnet wird. Diese Lehre bietet uns genau jene Perspektive und jene spirituelle Vorbereitung der Größeren Gemeinschaft, die die Menschheit jetzt benötigt, damit wir unser Recht auf Selbstbestimmung bewahren und erfolgreich unseren Platz als aufstrebende Welt innerhalb eines größeren Universum des intelligenten Lebens einnehmen können.

Die Mission der Society besteht darin, der Menschheit diese Neue Botschaft mittels Publikationen, Internetangeboten, Bildungsprogrammen sowie Meditation und Seminaren vorzustellen. Die Society verfolgt das Ziel, Männer und Frauen der Kenntnis auszubilden, die unter den ersten sein werden, die auf der Welt einer Vorbereitung der Größeren Gemeinschaft den Weg bahnen und damit beginnen, den Auswirkungen der Intervention entgegenzuwirken. Diese Männer und Frauen werden Verantwortung dafür übernehmen, dass Kenntnis und Weisheit auf der Welt lebendig gehalten

werden, während sich der Kampf um die Freiheit der Menschheit intensiviert. Die Society wurde im Jahr 1992 von Marshall Vian Summers als religiöse, nicht gewinnorientierte Organisation gegründet.
Im Laufe der Jahre hat sich eine Gruppe von engagierten Schülern
zusammengefunden, um ihn unmittelbar zu unterstützen. Die Society wurde von diesem Kern aus engagierten Schülern unterstützt,
die sich verpflichtet fühlen, der Welt ein neues spirituelles Bewusstsein und eine Vorbereitung zu bringen. Die Society ist bei ihrer
Mission auf die Unterstützung und Mitwirkung vieler weiterer Menschen angewiesen. Angesichts der Ernsthaftigkeit des Zustandes der
Welt besteht ein dringendes Bedürfnis nach Kenntnis und nach
Vorbereitung. Daher ruft die Society Männer und Frauen überall
dazu auf, ihr dabei zu helfen, der Welt das Geschenk dieser Neuen
Botschaft an diesem kritischen Wendepunkt unserer Geschichte zu
überreichen.

Als religiöse, nicht gewinnorientierte Organisation wird die Society vollständig durch freiwillige Tätigkeiten, durch die Abgabe eines „Zehnten" und durch Spendenbeiträge unterhalten. Die zunehmende Notwendigkeit, Menschen auf der ganzen Welt zu erreichen
und vorzubereiten, übersteigt jedoch die Möglichkeiten der Society,
ihre Mission zu erfüllen. Du kannst dich an dieser großen Mission
durch deinen Beitrag beteiligen. Teile die Botschaft der Verbündeten
mit anderen. Helfe mit, das Bewusstsein zu verbreiten, dass wir ein
einziges Volk und eine einzige Welt sind, die dabei sind, eine größere Arena des intelligenten Lebens zu betreten. Werde ein Schüler
des Weges der Kenntnis. Und falls du in der Lage bist, dieses große
Vorhaben mit Spenden unterstützen zu können oder falls du eine
solche Person kennst, kontaktiere bitte die Society. Dein Beitrag

wird jetzt gebraucht, um die weltweite Verbreitung der wichtigen Botschaft der Verbündeten zu ermöglichen und dabei zu helfen, das Blatt zugunsten der Menschheit zu wenden.

◆

„Ihr steht an der Schwelle,

etwas von allergrößtem Ausmaß zu empfangen,

etwas, das auf der Welt gebraucht wird –

etwas, das derzeit auf die Welt gesandt

und in die Welt übersetzt wird.

Ihr gehört zu den ersten,

die dies empfangen werden.

Empfangt es wohl."

SPIRITUALITÄT DER GRÖSSEREN GEMEINSCHAFT

THE SOCIETY FOR THE GREATER COMMUNITY

WAY OF KNOWLEDGE

P.O. Box 1724, Boulder, CO 80306-1724

++1 - (303) 938-8401, fax ++1 - (303) 938-1214

society@newmessage.org

www.alliesofhumanity.org   www.newmessage.org

www.verbuendete.com   www.neuebotschaft.org

ÜBER DEN PROZESS
DES ÜBERSETZENS

Der Bote, Marshall Vian Summers, hat seit 1983 eine Neue Botschaft von Gott empfangen. Die Neue Botschaft von Gott ist die größte Offenbarung, die jemals der Menschheit gegeben wurde, die nun einer gebildeten Welt globaler Kommunikation und mit einem wachsenden globalen Bewusstsein gegeben wird. Sie wurde nicht nur einem Stamm, einer Nation oder einer Religion gegeben, sondern soll stattdessen die ganze Welt erreichen. Dies hat die Übersetzung in so viele Sprachen wie möglich erforderlich gemacht.

Der Prozess der Offenbarung wird nun zum ersten Mal in der Geschichte transparent gemacht. In diesem bemerkenswerten Prozess kommuniziert die Präsenz Gottes jenseits von Worten mit dem Engelsrat, der über die Welt wacht. Der Rat übersetzt diese Kommunikation in menschliche Sprache und spricht insgesamt mit einer einzigen Stimme über seinen Boten, dessen Stimme das Vehikel für diese größere Stimme wird—die Stimme der Offenbarung. Der Wortlaut wird in englischer Sprache gesprochen und unmittelbar in Audioform aufgezeichnet, dann transkribiert und in den Texten und Audioaufzeichnungen der Neuen Botschaft verfügbar gemacht. In dieser Weise bleibt die Reinheit von Gottes ursprünglicher Botschaft erhalten und kann allen Völkern weitergegeben werden.

Jedoch gibt es ebenso einen Prozess der Übersetzung. Denn die ursprüngliche Offenbarung wurde in englischer Sprache gegeben, was die Grundlage für alle Übersetzungen in die vielen Sprachen der Menschheit ist. Da viele Sprachen in unserer Welt gesprochen werden, werden Übersetzungen unbedingt benötigt, um die Neue Botschaft zu allen Völkern zu bringen. Schüler der Neuen Botschaft sind im Laufe der Zeit hervorgetreten, um als Freiwillige die Neue Botschaft in ihre jeweilige Muttersprache zu übersetzen.

Zu diesem Zeitpunkt in der Geschichte kann es sich die Society nicht leisten, für Übersetzungen in so viele Sprachen zu zahlen, und das für eine so umfangreiche Botschaft, eine Botschaft, die die Welt mit kritischer Dringlichkeit erreichen soll. Darüber hinaus glaubt die Society auch, dass es wichtig ist, dass ihre Übersetzer Schüler der Neuen Botschaft sind, um die Neue Botschaft, die Essenz dessen, was übersetzt wird, so weit wie möglich zu verstehen und zu erfahren.

Aufgrund der Dringlichkeit und Notwendigkeit, die Neue Botschaft in der gesamten Welt zu teilen, fordern wir weiterhin zur Unterstützung der Übersetzung auf, um die Reichweite der Neuen Botschaft in der Welt zu erweitern und mehr aus der Offenbarung in Sprachen abzufassen, in die die Übersetzung bereits begonnen hat und sie ebenso in neue Sprachen einzuführen. Im Laufe der Zeit versuchen wir auch, die Qualität dieser Übersetzungen zu verbessern. Es gibt noch viel zu tun.

BÜCHER DER NEUEN BOTSCHAFT VON GOTT

GOTT HAT ERNEUT GESPROCHEN

DER EINE GOTT

DER NEUE BOTE

DIE GRÖSSERE GEMEINSCHAFT

SPIRITUALITÄT DER GRÖSSEREN GEMEINSCHAFT

SCHRITTE ZUR KENNTNIS

BEZIEHUNGEN UND HÖHERER ZWECK

DEN WEG DER KENNTNIS LEBEN

LEBEN IM UNIVERSUM

DIE GROSSEN WELLEN DES WANDELS

WEISHEIT AUS DER GRÖSSEREN GEMEINSCHAFT I & II

GEHEIMNISSE DES HIMMELS

DIE VERBÜNDETEN DER MENSCHHEIT BUCH EINS,
ZWEI, DREI UND VIER

Lightning Source UK Ltd.
Milton Keynes UK
W041207230821
9UK00001B/72

9 781884 238925